低碳城市发展与对策措施研究

——上海实证分析

Research on Strategy of Low Carbon City:
Shanghai Empirical Analysis

陈飞　著

中国建筑工业出版社

图书在版编目（CIP）数据

低碳城市发展与对策措施研究——上海实证分析/陈飞著.
北京：中国建筑工业出版社，2010.8
ISBN 978-7-112-12159-5

Ⅰ.低… Ⅱ.陈… Ⅲ.城市环境：生态环境-城市建设-研究-上海市 Ⅳ.X321.251

中国版本图书馆CIP数据核字（2010）第101667号

责任编辑：徐　冉
责任设计：李志立
责任校对：赵　颖

低碳城市发展与对策措施研究——上海实证分析
陈飞　著

*

中国建筑工业出版社出版、发行（北京西郊百万庄）
各地新华书店、建筑书店经销
北京嘉泰利德公司制版
北京云浩印刷有限责任公司印刷

*

开本：787×960毫米　1/16　印张：9¼　字数：222千字
2010年9月第一版　2010年9月第一次印刷
定价：**29.00**元
ISBN 978-7-112-12159-5
(19419)

前言

气候变暖与经济发展是21世纪全球所普遍面临的主要问题，对两者研究结合而形成的低碳城市研究必然具有一定的学术价值及应用价值。

本书分为理论研究与实证分析，包括以下五个组成部分：

第一部分从低碳城市国内外研究入手，通过文献分析，对国内外相关学术研究及不同国家关于低碳城市的实践进行综述，确定低碳城市的理论内涵。

第二部分通过低碳城市模型建构，制定城市 CO_2 排放的计算标准，同时确定低碳城市的评价指标；有针对性地定量化研究上海城市发展过程中总的碳排放量及分项组成，通过城市间比较找出现实矛盾及问题。

第三部分根据目前上海发展的现状及矛盾，以情景模式分析法确定上海未来低碳发展的三种目标情景，分别为惯性情景、相对脱钩情景及绝对脱钩情景。

第四部分针对上海低碳城市发展目标，确定未来的战略措施，措施将围绕城市生活低碳化、物质生产循环化及城市空间紧凑化方面的脱钩发展来展开；同时，确定未来可再生能源利用及碳汇碳捕捉等技术手段的目标与策略。

第五部分针对上海生产、交通及建筑三大领域的 CO_2 排放进行实证分析，围绕现状、问题、目标及措施进行。实证分析为低碳城市理论研究提供了支撑，并为低碳城市未来实践提供了依据。

作者

2010. 5

目录

图目录

表目录

导论

为什么发展低碳城市？

1. 低碳城市发展成为未来中国新的经济增长点

过去几年，中国经济发展主要体现传统粗放型、以高投入及高消耗为标志的发展模式，初加工制造业的普及，尤其是房地产发展所带动的钢铁、水泥等相关基础行业的发展消耗了大量自然资源。绿色技术革命及绿色新政的实施是当前全球不同国家发展所必须关注的重要课题，成为继劳动生产率及资源生产率提高之后的新的经济增长点。低碳作为绿色新政及技术革命的当前任务，对经济增长、劳动就业、节能减排等三方面的新型产业提出了要求，它促进了可再生能源利用、新技术及生态行业的兴起与进步。发展低碳城市及低碳经济被认为是未来经济最有希望的经济发展动力。

2. 低碳城市发展体现能源效率提高

低碳城市及低碳经济是指经济增长与二氧化碳排放趋于脱钩的城市发展模式，其目标有两个：一是保持经济增长；二是减少能源消耗和二氧化碳排放。因此，低碳经济既不是有经济、无低碳的传统的褐色经济，也不是有低碳、无经济的纯粹的节能减排。中国当前可再生能源利用比例不到 10%，根据胡锦涛主席在联合国大会的表述，未来到 2020 年中国可再生能源利用将达到总能源使用的 15%，其中包括水能。由此可见，国民经济发展在相当长的时间内所需要的绝大部分的能源消耗仍然需要化石能源提供，中国能否在 2020 年完成 CO_2 排放目标，在于当前及未来 10 年内传统能源使用效率的提高程度。所以，提高能效将决定中国未来城市可持续发展目标是否能够实现。

3. 低碳城市发展顺应参与国际竞争加强世界合作的趋势

中国目前面临汇率调整、贸易顺差、人民币升值及国际贸易等一系列国际问题，直接影响到国际关系改善，对中国未来的发展提出了新的挑战。如何在既保证中国经济既好又快发展，减小国际摩擦，又在追求相同利益的情况下，实现各国共赢发展，是中国应对复杂国际关系、加强国际合作与交流的重要目标。低碳城市与低碳经济是当前全球所普遍关注的共同问题，这不仅是技术问题，重要的是涉及发展问题。各国因其文化、经济及发展背景的不同而存在利益的巨大差异，在利益博弈的谈判中，加深了各国在文化、技术等领域的沟通与合作，并加深了彼此间的了解，提高了各自应对复杂国际关系的能力。

什么是低碳城市？

1. 从宏观层面的脱钩发展与微观层面的物质生产过程看低碳城市

从宏观层面低碳经济与碳排放之间的关系来看，低碳经济所要求的脱钩发展有两种表现形式：一种是二氧化碳排放与经济增长的绝对脱钩，即二氧化碳排放随经济增长表现为负增长，这是发达国家当前需要采纳的低碳经济方案；另一种是二氧化碳排放仍然是正增长，但是排放的速率低于经济增长或低于不采取政策措施的所谓基准情景（BAU），这是相对脱钩的低碳经济。由于发展阶段的差异，中国当前建设低碳经济，重点是要在经济高速增长的进程中，降低单位 GDP 的能源强度和二氧化碳强度，实现城市发展与碳排放的相对脱钩。

从微观经济活动，能源在经济过程中的输入、转化和污染物输出的全过程来看，低碳经济包含三方面的内容：一是在经济过程的进口环节，用太阳能、风能、生物能、水能等非碳的可再生能源替代煤、石油、天然气等碳基能源，从能源结构上减少二氧化碳；二是在经济过程的转化环节，提高工业、交通、建筑三大耗能领域内能源利用效率，减少碳基能源的消耗；三是在经济过程的输出环节，通过保护森林和发展绿色空间吸收二氧化碳，提高碳汇以及发展碳捕捉能力。

2. 从各种概念比较上看低碳城市

低碳城市属于近几年突然热门的话题，在此之前，许多学者专注于循环城市、生态城市、宜居城市、健康城市等。几者之间究竟有何区别与联系，我们认为，低碳城市属于生态城市在可持续发展领域的具体化、专业化。同时，在研究目标层面、内涵范畴及关注对象方面存在不同。

生态最早起源于生物学概念，主要研究生物与自然的关系。生态城市研究城市、人与自然之间的关系，涉及环境科学、生物科学、社会科学及能源科学。在环境领域，研究内容包括城市生产减少大气污染物及废弃物的排放，减少水土流失，减小人类活动造成的环境压力及环境负荷，维持自然界的生态平衡。在生物领域，保护动植物多样性，自然植被、自然地形地貌特征以及人类健康等问题；在能源领域，主要包括减少化石能源的使用，在社会生活及生产中加强节能措施。

低碳城市起源于气候变暖带来的冰川融化、海平面上升、粮食减产及动植物多样性的丧失，同时又是基于国际金融危机及石油价格不断上涨的条件下，全球面临经济发展问题的双重压力。研究内容涉及地球学科、环境学、经济学及管理学。具体主要通过管理措施及政策手段保持城市发展与经济繁荣，同时减少人类活动造成的 CO_2 排放。

宜居城市及健康城市主要关注城市现有和未来的居民生活质量，主要基于应对城市化进程，人们生活质量与生活水平的下降，应以三大类因素作为衡量标准，即是否适宜居住性、可持续性和对城市工作学习及环境的适应性。

3. 从各项指标上看低碳城市

从排放指标上来看：2007 年，全球人均 CO_2 排放指标约为 4. 5t 左右，按照当前世界人口 60 亿计算，世界各国总的 CO_2 排放量为 270 亿 t。按照目前发展，到 2050 年远期目标年，全球人口为 90 亿，CO_2 排放总量将达到 400 亿 t，这是地球环境所不能承受的。按照大气中 CO_2 浓度的可能情景，2050 年，CO_2 排放量需要减少到 200 亿 t 左右，才能保证气候变暖不超过 2℃，就是人均 CO_2 排放应控制在 2t 的水平。进一步，到 2100 年，人均 CO_2 排放应该减少到 1t 左右。据此，2020 ~ 2030 年世界 CO_2 总体排放达到峰值，然后必须进入绝对减排状态，最终到 2050 年能够实现比 1990 年减少一半的目标。

从大气中 CO_2 浓度来看：按照联合国政府间气候变化专门委员会（IPCC）的研究，当前，大气中 CO_2 浓度约为 350ppm，按照预测，地球温度上升不超过 2℃是人类可以适应的极限水平，这相当于要求到 2050 年地球大气中的 CO_2 浓度不超过 450ppm，或要求到 2050 年 CO_2 排放量减少到 1990 年水平的 50%。

中国如何发展低碳城市？

1. 发展战略

1）单位经济产出能源强度下降

未来十年，中国应制定清晰的低碳经济发展路线图，十一五期间，中国的单位 GDP 的能源强度显著降低，未来十年，中国的能源强度按照每年平均4%的幅度下降，到 2020 年单位 GDP 的能源强度将进一步下降 40% ~45%，由当前万元产值消耗 1.8t 左右标准煤下降到万元产值消耗 1t 标煤以下，这就需要在低碳关注点上，强化实施可持续发展战略，把低碳发展的思想纳入国家工业化及现代化的具体实践中，使其变成国家意志；在未来十年内，坚持把提高能效作为核心，使经济发展与低碳发展挂钩。

2）排放指标的选择

强调要深入研究人均 CO_2 排放指标，强调中国未来的人均排放绝对不可效法美国模式，尽量避免欧日模式，努力倡导中国模式，即在人均低于世界平均碳排放的情况下实现中国的现代化。按照历史资料提供的实证数据，用较少的碳消耗获得同样的经济产出与人类发展。

3）峰值时间的控制

目前对于中国在何时能够达到 CO_2 排放的峰值，政府及学者所持观点不同。按照目前中国发展阶段及排放现状情景，需要把峰值时间控制在 2020 ~2030 年之间，才可保证 2050 年远期目标的实现。

4）减排对象的差异

对于减排对象应坚持有差异的责任与减排目标。对象包括企业、地区及个人。首先应重点针对高能耗、高排放的工业类型进行减排控制，控制绝对排放数量，然后是控制增长中的建筑与交通，控制相对数量，使单位建筑面积的 CO_2 排放及人均交通能耗不断降低，或者相对于城市发展及规模的扩张，控制单位建设土地面积增长条件下的建筑及交通碳排量。从地区差异的角度看，应该对现在已经达到人均经济与发展水平的发达地区进行减排控制，例如北京、上海等城市，对西部地区暂时不限排放指标。从阶层差异角度看，应该对现在已经达到人均经济与发展水平的人群进行减排控制，特别是年人均排放超过 10t 的人。

2. 发展目标

中国在减排目标上迫于内部与外部两种压力。从外部来讲，目前，中国人均 CO_2 排放大概在 5t 左右，世界人均 CO_2 排放是 4t，已经失去人均碳排放较低的优势，在哥本哈根会议上也可以看出，不同于 1992 年的京都协议书签订，当时中国没有任何的减排压力及国际负担，而在哥本哈根会议上，中国已经成为全世界所有国家针对的对象，所以谈判异常艰难。虽然目前中国仍具有历史累计排放的优势，然而，如果按此情景发展，2020 年，当中国的累计排放也跃居世界首位时，到时在面临巨大的国际压力时，中国该如何谈判，是否仍有话语权将是个未知数。对于内部来讲，中国经济持续高速发展所需要的资源不断增大，未来十年人口仍将不断增高，城市土地规模不断增大，增加单位 GDP 的能源效率是目前及以后相当时期解决能源问题的最有效方法。所以，中国转向低碳经济的关键挑战及目标在于如何确定以人均 CO_2 排放为衡量标准的中国低碳目标情景，并且以此为目标确定经济增长规模和方式。

3. 发展策略

1）物质基础方面

从城市基础设施发展上，美国、欧盟等发达国家已经基本完成，因此改造成为低碳性的绿色设施具有一定的限制，而中国的基础设施尚在发展之中，特别是大规模的城市化至少还要发展 20 年，因此有可能在早中期阶段就规划建设所谓绿色的固定资产。从能源利用结构上，世界正处于从传统经济向低碳经济的绿色发展转化中，中国依赖于煤炭供应的能源结构，现对于欧美发达国家，在转向低碳经济发展时具有一定的潜在优势，未来可通过新能源利用、能源效率的不断提高及碳汇碳捕捉技术的采用达到中国近远期低碳发展的战略目标。

2）治理结构方面

中国未来的发展需要致力于将潜在的优势转化为实际的优势，即将善于学习的社会文化转化为具体的低碳经济发展战略与目标，将政府强大的政治动员能力转化为保障低碳经济的制度化体系，将跨越式建设物质资本的机会转化为建设绿色固定资产的现实行动。中国政府具有强大的政治动员和领导能力，只要大方向对，许多在市场化的发达国家难以成功的大事情往往有条件在中国办成功，低碳经济革命也不例外。

3）思想意识方面

中国善于吸收世界上的先进文化和科学技术，改革开放30年来中国已经形成了一个学习型的社会氛围，因此有可能以较短的学习曲线，接受低碳经济这样的绿色理念、绿色态度和绿色方法，在不改变生活水平及社会福利的条件下，改变传统高消费、奢华的生活方式是有可能的。最近一段时间，低碳思想在社会上的快速发酵就是最好的实证。

上海如何发展低碳城市？

1. 重点领域

对于上海来讲，发展低碳城市，作为全国其他城市在低碳减排方面的表率具有量上的需求和技术资源上的优势。为实现到2020年二氧化碳排放比基准情景减少50%的目标，上海需要建立发展可再生能源、提高传统能源利用效率、建设碳汇三者并重的低碳发展战略。上海未来10年内低碳经济的主要行动应该是提高工业、交通、建筑三大领域的能源利用效率，而发展可再生能源和提高碳汇碳捕捉能力对上海实现低碳经济则具有更长期的战略意义。我们研究了上海工业、交通、建筑、可再生能源、碳汇碳捕捉五个领域的现状、目标与减碳措施。研究表明，通过提高工业、交通、建筑三大领域的能源利用效率，到2020年，总体上大约可以减少二氧化碳排放3～4亿t左右，可以接近到2020年比基准情景减少3.6亿t的目标。通过加大可再生能源替代和城市碳汇空间建设，可以提供进一步减少大约4000万～6000万t二氧化碳排放的能力。这就要求长期内继续提高单位产值的能源利用效率，从目前的年4.4%比例提高到6%的比例。

2. 政策保障

低碳经济的启动和发展依赖制度层面的变革，没有强有力的政策安排，没有政府、企业、社会公众的共同参与，没有主要领域标杆性项目的示范，上海要实现到2020年在经济增长的同时二氧化碳排放比基准情景减少50%的目标是不可能的。我们认为，向低碳经济转型的关键政策主要有以下方面：

（1）建立全市二氧化碳排放账户，实现城市低碳发展的目标。需要建立上海二氧化碳排放的账户，对上海的二氧化碳排放情况进行规划、分配与监测，具体要落实到行业、企业或家庭。按照二氧化碳排放目标进行分解，需要将上海的二氧化碳控制目标分解到低碳经济的主要领域，特别是分解到对未来10年实行低碳经济起到主要作用的工业减碳、交通减碳、建筑减碳中去。要将能源消耗和二氧化碳排放作为约束条件，促进上海的经济结构、城市结构和消费结构向低碳经济转型。

（2）建立上海地方性的碳交易市场。要利用上海在全国率先建立起来的环境能源交易所平台，建立地方性的碳交易市场，促进碳生产率的提高以及政府、企业、社会参与低碳城市建设及低碳经济发展。当前，可以利用2010年世博会的机会，尝试进行志愿性的世博志愿碳交易活动，取得经验后，成为上海推进低碳经济的一项制度化措施。

将单位GDP的碳强度或者碳生产率指标纳入十二五规划。单位GDP的能源强度体现经济过程的能源消耗情况，单位GDP的碳强度体现经济过程的二氧化碳情况，上海需要将这两个指标作为经济社会发展的约束型指标，成为推动低碳经济的重要抓手。

3. 治理创新

在治理中可采用三方合作的低碳经济治理结构。发展低碳经济应发挥政府、企业、社会公众三类主体的作用，政府要承担统筹低碳经济发展的领导与管理功能，企业应该成为低碳产业和低碳产品的开发主体，社会应该成为低碳消费和低碳生活的主体。

1）以政府为主体的低碳行动

第一，建立完善政府层面的低碳经济组织架构。政府决策与综合经济部门负责上海低碳经济的规划、推进、管理工作，在政府各部门之间建立有效的协调和决策机制；第二，针对上海发展低碳经济的主要领域，研究编制上海发展低碳经济的规划，确定重点项目，提供足够的资金支持；第三，制定推进低碳经济发展的市场性政策，运用经济手段抑制高碳能源的使用，给具有低碳经济性质的生产与消费提供补贴，政府财政要加大低碳经济领域的投入。

2）以企业为主体的低碳行动

第一，促进上海的制造业向低碳制造转型，提高上海产业、企业、产品的低碳标准和准入门槛，按照碳生产率标准淘汰劣势、扶植均势、引进优势；第二，发展节能服务等低碳型服务业，为工业、交通、建筑节能提供专业化的服务，并成为上海发展现代服务业的重要内容；第三，结合上海的资源特点发展少占地、少耗能的新能源产业，投资城市生态基础设施建设，发展碳汇碳捕捉产业。

3）以社会为主体的低碳行动

第一，结合国内外情况确定上海合理的人均二氧化碳峰值指标，引导市民进行碳预算管理；第二，在产品中逐渐推行碳信息披露制度，引导市民减少高含碳量的购买行动；第三，加强媒体的低碳经济知识的普及与宣传，进一步引导市民向低碳消费模式转变。

在治理中应推进具有标杆引导作用的示范项目。在上海低碳经济的起步发展阶段，要开展具有标杆引导作用的示范项目建设，在低碳经济的各个主要领域发现并扶植这些示范项目，滚动扩大，以形成经验，促进面上工作的展开。

第1章
低碳城市研究的背景及意义

1.1 低碳城市研究的国际背景

1.1.1 时代背景

全球气候变化速度在近百年来升幅迅速，这导致全球海平面不断上升，动植物数量不断减少，生态环境不断恶化。据IPCC综合评估报告表明，人类活动在90%以上的可能性是造成气候变暖的主要因素，尤其是化石燃料的使用导致温室气体的排放。气候变暖的关键因素在于人为因素影响下CO_2等温室气体的排放造成大气内温度升高，这已是全球科学界基本达成的共识。在气候变暖的时代背景下，各国政府与人民该采取的应对措施有两方面：一是适应；二是减排。金融危机与气候变暖使传统经济学中的生产与消费模式再也不能满足未来人类可持续发展的时代需求，未来必须转变经济发展方式，要求新的经济模式的出现。

实现以上两者的途径就是发展低碳城市，走可持续发展的低碳道路①。低碳城市顺应了时代需求，将成为新的经济增长点。低碳城市的概念最早源于英国。2003年，英国发表能源白皮书《我们能源的未来：创建低碳经济》，提出要用低碳基能源、低二氧化碳的低碳经济发展模式，替代当前的以化石能源为基础的高碳模式。2007年，联合国讨论制订2012年开始的后京都行动方案，促进了低碳城市概念在世界上的传播。2008年，联合国提出用绿色经济和绿色新政应对金融危机和气候变化的双重挑战，把低碳城市看作拯救当前金融危机、实现全球经济转型的重要途径与方法。2009年，伦敦G20峰会承诺："我们同意尽力用好财政刺激方案中的资金，使经济朝着有复原能力的、可持续

① 中国科学院可持续发展战略研究组.2009中国可持续发展报告：探索中国特色的低碳道路.北京：科学出版社，2009：30-31.

的、绿色复苏的目标迈进。我们将推动向清洁、创新、资源有效和低碳技术与基础设施的方向转型。”

1.1.2 未来要求

签署《京都议定书》后，世界上各个国家均制订了减排计划，2007 年底召开的联合国气候大会通过《巴厘岛路线图》，会上通过了减缓气候变化，发展低碳城市的四项决议，分别为减缓、适应气候变化、发达国家的技术转让及相应资金支持。发展中国家今后一段时间内采取的相关措施上能够“可测量、可报告、可核实”，并与发达国家提供的技术及资金支持的“可测量、可报告、可核实”紧密联系，这是签署《京都议定书》之后国际社会在气候变暖问题上取得的又一进步。在此前后，各国分别制定了本国的减排目标，作出了具有意义的承诺。

在各国家关于减排的承诺上，哥本哈根会议之前，欧盟承诺 2020 年实现 CO_2 排放量比 1990 年减少 20%；英国根据本国实际情况承诺相对于 1990 年可以减排 30%；美国布什政府在减排上一直处于消极态度，不作出减排承诺，最近奥巴马上台，对气候变暖问题比前任政府更加关注，提出了 2020 年比 2005 年减少 15% 的目标，而 2005 年相对于 1990 年，美国 CO_2 排放量增加了 15% 左右，以此推算，2020 年美国承诺仅回到 1990 年水平[①]。对欧盟来说，比 1990 年减排 20% 的目标非常容易实现，因为其许多排放都是在境外产生，而且通过技术转让或从发展中国家购买指标，这样，欧盟在 2020 年达到减碳目标的基础上，对其经济不会造成任何影响。在此之前，期望已久的 2009 年 12 月丹麦哥本哈根会议召开，原定在此次会议上，能够将检验各国家在《京都议定书》签署后的减排执行状况及制定后京都时代的减排目标。然而遗憾的是，哥本哈根会议并没有针对各国，尤其是发达国家签署具有约束力的文件。

1.1.3 国际分歧

在气候变暖及降低 CO_2 排放问题上，全球不同国家分歧严重，主要体现在发达国家之间，发达国家与发展中国家以及发展中国家之间，分化为 5 个阵

---

① 中国科学院可持续发展战略研究组. 2009 中国可持续发展报告：探索中国特色的低碳道路. 北京：科学出版社，2009：26－29.

营，包括欧盟阵营、美国等伞形国家、小岛屿国家、基础四国及 77 国联盟。首先在发达国家中，美国及欧盟观点不统一，欧盟内部以丹麦、荷兰承担更高的减排目标，而意大利、波兰表现并不积极；发达国家与发展中国家观点存在明显冲突，发展中国家没有强制减排目标，而美国认为中国、巴西、印度等也应有强制减排目标。而一些小岛屿国家包括菲律宾、马来西亚及马尔代夫等国家由于气候变暖造成生态恶化，海平面上升，已经直接威胁到本国利益了，在减排方面态度非常强硬。

中国由于处于工业化生产阶段，碳排放处于上升阶段，强制性减排必然对中国经济造成一定的影响。纵观过去 100 年内，大气中的 CO_2 含量中 80% 是由发达国家在工业化进程中排放的，他们对气候变暖应负主要责任，应当拿出必要的实际行动，包括技术及资金。中国的人均碳排放相对于发达国家来说比较低，然而目前已经超过世界平均水平，并且总量上在 2007 年已超过美国，在世界所有国家中，碳排放已经上升到世界第一位，发展中国家虽然短期内没有强制指标，但相应也要作出承诺，明确具体将采取哪些措施等，中国是否能够实现中期 2020 年的减排目标，直接影响到未来中国发展战略的具体实现。

1.1.4　历史议题

1. 京都议定书

1992 年，联合国环境与发展大会通过了《联合国气候变化框架公约》，这是世界上第一个关于控制温室气体排放、遏制全球变暖的国际公约。1997 年 12 月，在日本京都召开的《联合国气候变化框架公约》缔约方第三次会议，通过了旨在限制发达国家温室气体排放量以抑制全球变暖的《京都议定书》。

《京都议定书》规定，到 2010 年，所有发达国家温室气体的排放量，要比 1990 年减少 5.2%。具体说，各发达国家从2008～2012 年必须完成的削减目标是：与 1990 年相比，欧盟削减 8%、美国削减 7%、日本削减 6%、加拿大削减 6%、东欧各国削减 5%～8%，新西兰、俄罗斯和乌克兰可将排放量稳定在 1990 年水平上。议定书同时允许爱尔兰、澳大利亚和挪威的排放量比 1990 年分别增加 10%、8% 和 1%。

中国于 1998 年 5 月签署并于 2002 年 8 月核准了该议定书。欧盟及其成员国于 2002 年 5 月 31 日正式批准了《京都议定书》。2004 年 11 月5 日，俄罗斯总统普京在议定书上签字，使其正式成为俄罗斯的法律文本。截至 2005 年 8 月 13 日，全球已有 142 个国家和地区签署该议定书，其中包括 30 个工业化国家，批准国家的人口数量占全世界总人口的80%。

美国曾于1998年签署了议定书。但2001年3月，布什政府以“减少温室气体排放将会影响美国经济发展”和“发展中国家也应该承担减排和限排温室气体的义务”为借口，宣布拒绝批准。2005年2月16日，《京都议定书》正式生效。这是人类历史上首次以法规的形式限制温室气体排放。为了促进各国完成温室气体减排目标，议定书允许采取以下四种减排方式：

第一，两个发达国家之间可以进行排放额度买卖的“排放权交易”，即难以完成削减任务的国家，可以花钱从超额完成任务的国家买进超出的额度；第二，以“净排放量”计算温室气体排放量，即从本国实际排放量中扣除森林所吸收的二氧化碳的数量；第三，可以采用绿色开发机制，促使发达国家和发展中国家共同减排温室气体；第四，可以采用“集团方式”，即欧盟内部的许多国家可视为一个整体，采取有的国家削减、有的国家增加的方法，在总体上完成减排任务。

最近三年，可以看作全球气候变化问题从怀疑走向行动的关键岁月。2007年国际气候变化政府间组织（IPCC）和长期为应对气候变化作出努力的美国前副总统戈尔一起获得了当年的诺贝尔和平奖。因为正是IPCC的第四份研究报告（AR4），为解决气候问题上长期争论的三个基本问题提供了强有力的科学结论。其一，气候变暖的现象确实是在发生，按照现在的趋势到21世纪末地球温度有可能上升1~6℃；其二，地球变热的主要原因，与以二氧化碳为主的六种温室气体（GHG）的持续排放有关；其三，温室气体的持续排放，来源于过去100多年来工业革命的化石能源消耗，因此应对气候变化的关键就是大幅度降低化石能源的消耗。联合国副秘书长、环境署执行主任施泰纳在2007年2月2日IPCC发布AR4报告梗概的时候，有概括力地说道：“世界会记住今天，因为悬在气候变化是否与人类活动相关的辩论之上的问号被抹掉了。这份报告不仅是一个里程碑，还应当是从怀疑到采取应对行动的转折点。”正是从2007年开始，由英国于2003年提出的被认为比全球气候变化更具有积极意义的低碳经济概念开始流行，相关的学术研究和政策行动在世界各地展开。也正是在这样的背景及国际压力下，1997年宣布退出《京都议定书》的美国，回到了参与气候变化问题的谈判桌上。

2. 巴厘岛路线图

2007年12月，在印度尼西亚巴厘岛国际会议中心，联合国气候变化大会通过一项计划，决定在2009年前就应对气候变化问题采取新的安排举行谈判，从而制定了世人关注的应对气候变化的《巴厘岛路线图》。《巴厘岛路线图》确定了加强落实 1997 年《联合国气候变化框架公约》（简称《公约》）的领域。《巴厘岛路线图》共有 13 项内容和 1 个附录：首先，强调了国际合作。制定各个国家“共同但有区别的责任”原则，考虑社会、经济条件以及其他相关因素，各个国家应长期合作共同行动，制定了全球长期目标。其次，要求发达国家必须履行减排义务，《公约》的所有发达国家缔约方都要履行可测量、可报告、可核实的温室气体减排责任。第三，提出气候变化的两大措施，减排和适应。在适应性问题上，提出技术开发、技术转让问题以及减排资金问题。这三个问题是广大发展中国家在应对气候变化过程中极为关心的问题。在减排问题上，明确落实 1997 年《京都议定书》的相关内容，国际社会在公约和议定书“双轨”谈判进程下于 2009 年底在丹麦哥本哈根会议上就如何进一步加强 2012 年后应对气候变化国际合作达成结果。第四，设定了减排时间表。《巴厘岛路线图》要求有关的特别工作组在 2009 年完成工作，并向《公约》第十五次缔约方会议递交工作报告，这与《京都议定书》第二承诺期的完成谈判时间一致，实现了“双轨”并进。第五，中国结合本国经济社会发展规划和可持续发展战略，制定并公布了《中国应对气候变化国家方案》，成立了国家应对气候变化领导小组，颁布了一系列法律法规。

2008 年，落实《巴厘岛路线图》的谈判全面展开，分别在曼谷、波恩、阿克拉和波兹南共举行了四轮会议。在议定书下，各方主要讨论了发达国家的实现减排目标的手段和方法，尚未涉及发达国家的减排指标问题。在公约下，各方围绕减缓、适应、资金和技术四大问题展开一般性讨论，尚未涉及发达国家减排义务可比性等问题。同年底，在波兹南结束的公约第十四次缔约方会议标志着《巴厘岛路线图》谈判进程时间过半，会议通过了 2009 年工作计划，从形式上实现了向全面谈判模式进行转折。

3. 2009 联合国气候变化峰会

联合国气候变化峰会于 2009 年 9 月 22 日顺利闭幕，在气候变化问题上，各国不同的态度仍值得回味。中国国家主席胡锦涛的讲话使中国应对全球气候变化的“路线图”更加明晰，也更具战略性，这主要体现在三个方面：

（1）第一次将减少碳排放纳入国家战略。胡主席在讲话中提到，争取到 2020 年单位 GDP 碳排放比 2005 年有显著下降。诸大建认为，这不仅是中国首次提出减排标准，而且还是一个具有可操作性的指标。在“十一五”计划中，中国规定了单位 GDP 节能降耗的约束性标准。现在随着单位 GDP 减排标准的提出，这一指标无疑也将纳入“十二五”计划中，指导中国经济的发展。

（2）第一次明确将2020年作为中国减排的重要时间节点年。根据IPCC的预测，2020年世界碳排放量将达到峰值，而这一年也是《京都议定书》框架内发达国家实现中期减排目标的节点。现在中国也把2020年作为重要的时间节点，表明中方积极应对全球气候变化的负责任的态度和决心。

（3）提出“三管齐下”减排的系统性思考。减排是个系统工程，一般分为三个层次：控制碳进入、提高中间效率和减少碳排出。中国减排的具体措施，正是从这三个层次入手：到2020年中国非化石能源占能源消耗的15%是控制碳的进入；大幅减少单位GDP碳排放是控制中间过程；而增加森林碳汇，争取到2020年森林面积比2005年增加4000万hm^2，是从减少二氧化碳排放入手。这表明中国处理气候变化正变得日益成熟。

美国总统奥巴马这次在气候峰会上虽然提出减排问题上发达国家的“历史责任”，但对于美国2020年中期减排目标却毫无新意。在此之前，奥巴马上台后立即推出了美国的减排方案《美国清洁能源安全法案》，并在这一法案中提出了美国减排的中期标准：2020年减排目标相当于1990年的碳排放水平，或仅有微小进步，这一表态受到欧盟和日本的批评。虽然这一法案在众议院获得通过，但能否在参议院通过却并不乐观。在此峰会前夕，美国参议院宣布暂时搁置该法案，奥巴马正在为美国国内问题忙碌，减排不在他的首要议事日程上，这也对美国减排政策的落实产生不利影响。

由于发达国家向发展中国家提供节能减排的资金技术支持并没到位，这为在2009年12月份举行的哥本哈根气候变化会议上，各国能否就预期减排目标达成一致蒙上阴影。不过即使如此，哥本哈根会议将实质性地启动世界低碳经济的时代，世界将脱离以化石能源为基础的旧工业革命，迎来以低碳、循环经济为基础的新技术革命，这具有里程碑的意义。

4. 哥本哈根会议

如果说，2007年的IPCC报告是科学家在这个问题上作出了严谨的科学结论，那么2009年哥本哈根会议的任务就是要政治家拿出坚实的行动方案。

总的来看，哥本哈根会议是要在气候变化和低碳发展的关键议题上统一思想并采取行动。然而，当前主要国家对所有议题都存在着严重的分歧。所以说，哥本哈根会议面临的是一场意义重大、任务艰难、挑战严峻的绿色博弈，会议体现以下几点：第一是重大，哥本哈根会议涉及世界各国从高碳排放的工业文明向低碳消耗的生态文明的革命性转型；第二是艰难，世界上的不同经济体对哥本哈根要达成的低碳发展目标和路线图有着各自的利益和想法，会上将会是各国家为维护自身利益进行的博弈；第三是挑战，中国未来发展在低碳经济的格局中需要有既符合自己发展权益又对世界承担责任的表现。在此会议上，各国家均确定了以欧盟为主的研究者提出的二氧化碳减排的目标，要求世界总体到 2020 年达到二氧化碳排放的峰值，然后进入绝对减排状态，最终到 2050 年能够实现比 1990 年减少一半的目标。哥本哈根会议的难点，在于是否认同到 2020 年实现峰值的中期控制目标。就中国而言，虽然依赖于煤炭供应的能源结构，对中国未来的绿色转型是严峻的硬约束，但是应该看到，中国转向低碳经济具有一定的潜在优势。中国转向低碳经济的关键挑战和战略性问题，在于如何确定以人均二氧化碳排放为衡量标准的中国低碳经济的目标情景，并且以此为目标调控我们的经济增长规模和方式。

这次哥本哈根会议比以往任何一次气候会议都受世界关注，因为这是涉及世界上所有国家未来发展的会议。根据各自利益共划分为四个阵营，四个阵营严重地相互攻击。但是受到冲击最大的是当今世界上排放最多的两个国家——中国和美国，两国不仅要被其他两个阵营攻击，而且相互之间也要为各自利益进行周旋。几大利益集团会前的观点与要求不同，最后少数成员国基本达成了一项不具有法律约束的协议。

（1）欧盟的态度（丹麦文件）。联合国的方案很大程度上来自欧盟的研究。欧盟开始强调两轨合一（要求包括发达国家和发展中国家），提出可以在其他发达大国有行动的条件下减排 30%，并提出可以在未来三年提供 100 亿欧元资助（其中有一定比例为公共资金），要求中国有明确的总量减排目标或人均控制目标。

（2）美国等伞形国家的态度。美国的态度是最保守的，因为已经退出《京都议定书》，他们坚决要求另搞包括所有国家在内的新议定书，提出在 2005 年基础上减排 17%，相对于 1990 年减少 3%～4%，提出可以提供适度考虑公平的适应基金资助但是接受对象明确排除中国等发展中大国，要求中国有明确的总量减排目标或人均控制目标。

（3）中国等基础四国的态度（北京文件）。中国坚持两个文件分列，针对发达国家减排的《京都议定书》必须延续进入第二期，要求发达国家减排 25%～40%，并要求发达国家提供至 2020 年每年 1000 亿美元的资助。最后，中国提出在 2005 年基础上减少二氧化碳强度 40%～45% 的目标，并承诺对于减排目标达到可测量、可核实及可报告。

（4）小岛屿国家的态度（44 个国家）。图瓦卢等小岛屿国家有从发展中国家阵营中分裂出去的趋势。巴厘岛会议的时候，正是图瓦卢的谈判代表要求，如果美国不愿当领导者就要退场，这导致美国在最终时刻承诺了巴厘岛路线图。但是这次对中国提出了尖锐的挑战。他们的态度包括，重新建立包括所有国家的减排议定书，要求排放大国必须减排 45% 以上，发达国家要提供每年 3000 亿美元的资助经费，发展中大国也应该承担强制性的减排任务。他们的要求最终也没完全实现。

（5）联合国最终协议。最终协议在中国的坚持斡旋下基本达成一致意见，重申了应对气候变化的政治意愿以及一系列中长期目标。协议指出应对气候变化的长期目标是将全球变暖幅度控制在 2℃以内，要求各国在 2010 年 1 月底前向联合国申报减排目标。虽然没有规定各个国家的出资份额，但提出了到 2020 年发达国家每年为发展中国家提供 1000 亿美元资金援助的中期目标。并规定未来三年，发达国家将提供 300 亿美元的紧急援助资金，其中欧盟出资 106 亿美元，日本 110 亿美元，美国 36 亿美元。许多人认为这是哥本哈根会议的严重失败，但从某种意义上来看，这样的沟通应该属于阶段性成功。其实哥本哈根会议的实质在于通过沟通协调，使各个国家从对立逐渐走向妥协的过程，从这个角度讲，对未来各国提高减排行动是有促进作用的。

1.2 低碳城市研究意义、方法及路径

1.2.1 研究意义

从气候变化及经济发展国际背景的阐述发现，在当前中国城市社会发展条件下，节约能源、减少碳排放已经成为全球尤其是中国关注的重大问题。碳排放尤其是人类建设、生产及社会性活动中对化石及矿物燃料的不断消耗是造成气候变化的直接原因。城市作为物质空间容纳了各种生产及创造性活动，进行着各种物质与能量交换，提供了社会及人类发展的空间与平台。城市节能减排对全球气候与环境的影响意义重大。据研究，城市生产、交通及建筑碳排放量约占总的碳排放量的 90% 以上，而且碳排放量将以城市建设活动的加强而不断加剧。伴随着碳排放量减少的需求，城市经济发展将会受到一定的影响，如何在既能够减少单位经济规模碳排放的同时，又能保持城市经济及城市建设活动的可持续发展，将成为未来亟待研究的重要课题。2003 年英国政府将低碳经济（Low Carbon Economy）作为一种新的发展观，写入英国政府能源白皮书。之后，低碳发展逐

渐作为城市发展的理想模式。中国在“十一五”期间提出了单位国民生产总值能耗降低 20% 左右，主要污染物排放量减少 10% 的低碳经济目标。

低碳城市研究直接涉及城市管理、经济发展与环境改善等多方面内容和城市生产、建设及生活等多项主体，是一个开放、复杂的巨系统。城市低碳经济研究推动了城市的可持续发展，强化了城乡一体化建设。发展低碳城市，减少城市 CO_2 排放量，保证在经济快速发展时期，城市生产及生活领域均考虑最小量的碳排放，实现城市节能减排与经济同时发展的良好局面。

上海作为国际化大都市，未来具有独特的国际影响力，这不仅表现在上海每年的经济规模与经济总量上，更重要的是能够快速转变传统高消耗、高排放、高增长的发展模式，在保持经济继续增长的同时，发展低碳经济，这对于全球金融危机状况下的国际城市及当代中国快速城市化进程中的其他城市都将具有很强的借鉴作用。

基于以上分析，上海发展城市低碳经济研究具有如下两方面的价值：

（1）对国内外低碳城市研究背景及文献内容进行综述，廓清上海发展低碳城市内涵；通过低碳城市模型及指标体系的建立，建立系统化的理论研究体系，可以量化上海城市发展过程中的碳排放量，有助于找出上海目前城市发展现状问题及所存在的差距，制定切实可行的城市低碳发展策略。

（2）应用到上海的生产、生活及城市建设实践中，在保证城市经济快速发展的同时，可以有效地减少城市排碳量，促使城市节能减排工作实现，为城市可持续发展提供科学的决策依据及理论支持。

1.2.2　研究方法

统计分析：系统性地确定低碳住区的制约因素，对影响城市低碳发展的许多不确定性进行定量表达；通过统计年鉴、世界银行报告等资料，配合实地调研，找出不同指标之间的相关性强度，采用相关性分析法及主成因分析法比较，找出影响因子，确定低碳城市发展的重要内涵。

空间分析方法：在对城市土地利用、空间结构及增长情况分析时，利用 GIS 空间分析方法，研究城市空间结构的变化情况。

情景分析：在未来住区可能的碳排放目标分析中，将利用情景分析方法确定惯性发展、相对低碳及绝对低碳情景下的战略目标。

比较分析：在实证分析时，首先，研究低碳城市的分项组成，其中包括生产、建筑及交通三大领域，验证上海发展低碳城市本身内在的特点，作为理论研

第一部分：问题提出
综述
研究什么（目标层面）
为何研究（研究意义）
如何研究（研究方法）
意义研究
第二部分：低碳发展模型、指标构成
主成分分析
相关性分析
低碳经济的内涵
低碳经济模型
CO2=KE;
CO2=P×GDP/P×E/GDP×CO2/E
（见本书第3.2.1节与第3.2.2节）
理论及内涵研究
上海发展低碳城市评价标准
第三部分：上海发展低碳城市的现状及目标
统计资料查询
线性回归分析
未来预测
上海发展低碳城市总体目标
2012年情景分析及目标
2015年情景分析及目标
2020年情景分析及目标
第四部分：上海发展低碳城市的领域研究
上海发展低碳城市的领域研究
建筑碳排放（住宅KE1+公建KE2）
交通碳能耗（KE3）
生产碳排放（KE4）
目标及评价研究
第五部分：上海发展低碳经济的对策措施
上海发展低碳经济城市应对策略
脱钩发展
城市生活低碳化
城市空间紧凑化
物质生产循环化
碳汇、碳捕捉
上海发展低碳经济治理创新与政策保障
策略研究

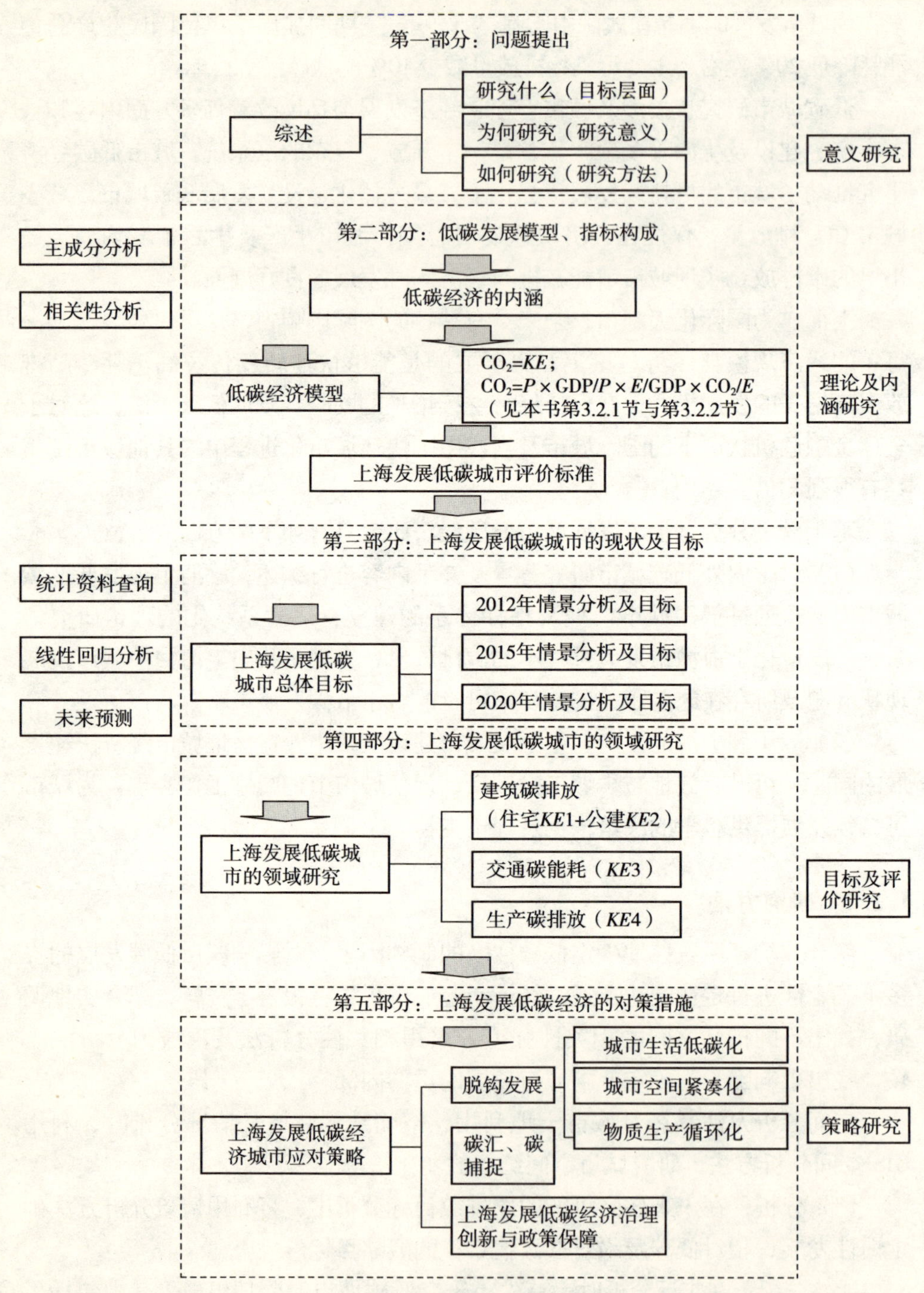

图 1－1　技术路线图

究支撑。其次，通过城市间比较，对不同城市总体及各领域碳排放进行比较研究，验证研究结果，发现共性规律，找出个性特征，为低碳措施的制定奠定基础。

1.2.3　研究路径

针对研究目标和研究内容，以及所需要的研究方法，本项目的技术路线关键在于以下三点（图 1 -1）：

（1）通过相关性分析，寻找低碳城市的关键制约因素，科学建构基于城市生活、工作、交通及城市生产等方面的低碳城市发展模型。

（2）针对低碳城市模型，建立碳排放分项指标集合，计算不同部分的碳排放量；应用线性回归分析，研究城市各分项碳排放量与城市发展、政策与管理等要素之间的相互关系。

（3）根据指标及数据找出上海市发展低碳经济的现存问题及矛盾，预测未来可能发展趋势及情景模式，建立科学的战略目标与应对策略，并通过上海低碳生产、低碳交通及低碳建筑发展为例实证分析验证研究结果，提出实现策略的治理创新与政策保障。

本章小结

本章第一部分首先论述低碳城市研究的世界背景，气候变暖的事实，中国发展低碳城市必要性及迫切性。指出在当前气候变换的状况下，人类应当采取适应及减缓的两种发展策略。其次，通过世界不同国家未来关于发展低碳的承诺以及未来碳排放的可承受极限，点明发展低碳城市在不同国家之间存在的分歧与矛盾，共同但有区别的责任，提出的时代背景及其深远意义。第三，针对中国目前的发展阶段，客观评价过去中国在碳排放方面应负的责任，当前中国碳排放的现状及未来压力。探讨在共同但有区别的责任下，在公平的发展权利下，在不影响中国经济持续发展的要求下，如何实现经济转型，把发展低碳城市及低碳经济作为未来中国可持续发展新的增长点。

本章第二部分根据低碳城市的研究特点提出了本书所采取的研究方法，制定了统领全书的技术路线图。

第2章
低碳城市国内外理论研究及实践综述

2.1 国外理论研究综述与实践

2.1.1 国外理论研究综述

低碳城市的战略与政策研究不仅需要基于一般的低碳经济的理论与方法，更需要基于深入的低碳城市的理论与方法。本研究对国内外的低碳经济与低碳城市的研究情况作了文献检索及分析，发现在城市的低碳经济研究领域，目前尚缺少综合系统的研究，特别是针对低碳城市的发展模型研究较少，在理论论述、模型的指标量化方面针对性不足，缺乏相应的实证分析。现在国外相关研究主要集中在：

1. 城市生活与城市消费

国外不同学者对低碳城市进行了深入的研究，美国哈佛大学经济学教授爱德华·L·格拉什（Edward L. Glaser，2007）比较系统地研究了城市碳排放量计算方法并进行了应用分析，并对美国十个典型大城市中心与郊区单位家庭采暖、交通、空调及生活能耗进行了实证研究，提出了城市不同区域的碳排放标准明显不同，关键因素在于城市区域分布、交通因素及生活消费的能源利用结构存在很大差异。在发展低碳对城市经济的贡献上，按照每吨CO_2排放折合43美元的经济成本核算，从碳排放的经济学角度，科学地提出了实现城市低碳化发展的政策建议。而且在低碳发展的土地利用上，他提出：城市不能因为环境负荷加重而停止发展，而是应该通过政策调整与土地利用计划的合理安排强调区域的总体发展。而且，在大都市区域，土地利用的限制性因素往往把城市发展机遇推向城市边缘带，造成城市环境成本的上升，所以应寻找一种适应性政策及发展模式来鼓励城市建筑的环境改善，节

能及减少 CO_2 排放①。

英国学者克里斯·古多尔（Chris Goodall）通过对英国国民家庭生活中电能、石油、天然气等能源的统计，把国民的生活支出及各种物质消耗定量转化为 CO_2 排放。在低碳生活的研究中对包括家庭取暖、热水供应、炊事、照明、家用电器、小汽车交通或公共交通、飞行旅行及消费方式在内的多个方面进行了论述，并通过英国家庭调查取样进行实证分析，以具有说服力的数据表达展示了英国家庭生活碳排放的未来情景及低碳化生活方式的迫切需求，并有针对性地提出英国居民生活的低碳标准②。他提出了在不改变目前生活水平及福利标准的基础上，如何把英国人家庭生活上的人均碳排放以每年 6t 的标准降低到人均年碳排放 3t 的水平。

2. 城市碳排放综合构成

日本学者柳下正治（2007）立足日本国家碳排放现状及城市背景，通过研究日本家庭、运输部门及工业部门的碳排放比重，从产业分布、建筑建造、低碳交通及新节能技术应用方面提出减少城市碳排放措施③。其他学者也相应立足于本国现实条件，从城市碳排放构成要素角度系统地分析了不同国家、不同城市的碳排放构成，从经济发展与能耗之间的关系分析制约城市低碳发展的三大要素：城市生产、交通、家庭生活的碳排放趋势，运用情景分析法预测未来发展的几种可能模式（Ho Chin Siong，Fong Wee Kean，2007）④。还有日本学者指出通过政府引导，城市发展过程中的能源控制（Community Energy Management），包括城市土地利用、建筑设计及交通引导政策的执行，在未来几年内，使城市碳排放量减少到预期情景（Bryn Sadownik，Mark Jaccard，2002）⑤。

---

① Edward L. Glaeser. Harvard University and Matthew Kahn，UCLA. The greenness of city [J]. rappaport Institute Taubman Center policy briefs，2008（3）：1－11.

② Chris Goodall. How to Live'a Low-Carbon Live：The Individual's Guide to Stopping Climate Change [M]. London Sterling，VA，2007.

③ [日] 柳下正治．脱温暖化社会のための政策課題．上智三菱 UFJ 環境講座 [R]. 上智大学大学院地球環境学研究科．2007 年 4 月 17 日．（http：//www. genv. sophia. ac. jp/research/yanashita. html）

④ Ho Chin Siong，Fong Wee Kean . Planning for Low Carbon Cities：The case of Iskandar Development Region [C]. Toward Establishing Sustainable Planning and Governance II，Sungkyunkwan University，Seoul，Korea on novermber 2007 orgnized by SUDI：11－15.

⑤ Bryn Sadownik，Mark Jaccard. Shaping Sustainable Energy Use in Chinese Cities：The Relevance of Community Energy Management [J]. DISP 151，2002（4）：5－22.

3. 城市密度与城市结构

在美国芝加哥大都市发展规划中，研究者利用计量经济、土地利用及交通模型来论证城市格局与城市空间结构①。城市发展的研究集中在交通及城市密度有关的能耗及 CO_2 排放上。交通与距离有关，而城市密度与土地利用有关，土地开发的高密度及交通通勤距离的缩短必然要求城市空间的紧凑发展。

当代城市土地开发主要体现在社区的建设上，社区的结构是城市结构的细胞，社区结构与密度对城市能源及碳排放量起到了关键的作用。在不同的社区发展中，城市中心高密度混合化社区与城市郊区低密度单一功能化社区对于小汽车交通的需求、城市基础设施及生活消耗完全不同，交通对城市能源及碳排放量起到关键作用，这已经被大量城市蔓延的定性研究所证实（Joanthan Norman，2006）②。

以上的研究都证实了一种观点，即提倡高密度紧凑发展，避免低密度蔓延式发展。然而，在分析交通能耗与城市密度的关系上，在检验城市结构、功能分区以及产业结构分布上，对于高密度发展多大程度上能够达到综合碳排量平衡，并没有给出具体的研究方法及量化指标（Newman and Kenworthy，1999）③。城市交通方式的选择与公共交通的发达程度是直接制约城市生活中碳排放量的主要因素，是城市结构何以影响城市碳排放的最好诠释。小汽车的增多与城市空间紧凑发展之间存在一定的矛盾（Kenworthy，Gang Hu，2002）④。然而对于高密度状况下的城区，交通拥挤造成的多余能耗及排放相对于远距离小汽车交通的排放哪方面更少⑤？研究并没有给出明确的答案，而且缺乏定量研究来论证城市环境影响程度与城市发展密度的

---

① Chicago Metropolics 2020. The Metropolics Plan：Choice for the Chicago Region ［Technical Report］.（http：//www. metropolisplan. org/10_ 3. htm）

② Peter Newman，Jerry Kenworthy. Sustainablity and Cities：Overcoming Automobile Dependence ［M］. Washiton，DC：Island Press，2007：94－111.

③ Jeff Kenworthy，Gang Hu. Transport and Urban Form in Chinese Cities：An International Comparative and Policy Perspective with Implications for Sustainable Urban Transport in China ［J］. DISP 151，2002（4）：4－14.

④ ［美］奥利弗·吉勒姆著. 无边的城市：论战城市蔓延 ［M］. 叶齐茂，倪晓晖译. 北京：中国建筑工业出版社，2007：115－119.

⑤ Joanthan Norman. Company High and Low Residential Density：Life Cycle Analysis of Energy Use and Green House Emission ［J］. Journey of Urban Planning and Development，2006（3）：10－19.

关系①②③。所以本研究进一步针对不同区域的城市密度组成要素（建筑、交通及基础设施），集中在能耗及碳排放等环境影响度量方面进行研究，从宏观层次上与能源使用量的减少，从制度上与能源安全及气候变化的国际背景相呼应（Russ Lopez，2004）④。

2.1.2　国外低碳实践综述

国外低碳城市的理论研究时间较短，在实践上主要集中在生态城市的探索与建设上。在理论指导下，全球多个国家进行了实践与尝试，如阿联酋阿布扎比马斯达尔城，德国弗赖堡，美国加州伯克利生态城市计划（1992），印度班加罗尔，巴西的库里蒂巴和桑托斯市，澳大利亚的怀阿拉市和哈利法克斯生态城，日本生态城市计划（1993）。实践中城市作为一个完整的生态系统，使能源使用与环境排放成本、新能源投入资本与社会效益取得平衡，从城市的可持续发展与经济运营角度上展现了城市低碳化发展的策略。在不同城市的生态实践中，其所遵循的原则及理论方法也有所区别。

1. 能源利用

在阿联酋阿布扎比马斯达尔城建设中，城市完全以可再生能源，如风电和太阳能板所产生的电力驱动。城市居民家中都会安装节能设施，城中的电源都是通过燃烧废料和太阳能技术生产，住宅中用水也将产自城外的海水淡化厂，绕城种植的棕榈树和红树将成为制造生物能源的原料。

弗赖堡的能源利用系统主要依靠开发新型能源；对太阳能进行研究、开发和生产项目的资助以及建设“太阳能城市”等措施来推广新能源的普及；发展热电联合等三个方面来减少能源消耗及环境负担，提高城市生活质量。

伯克利的城市居民提倡简单节约的生活方式、消费方式及消费观念，改变人们对物质的占有欲；整个区域内确保节能减排技术措施的利用与开发，节能

---

① Halyan C, Beisi J, et al. Sustainable Urban Form for Chinese Compact Cities: Challenges of a Repid Urbanized Urbanized Economy [J]. Habitat International, 2008 (32): 28-40.

② Williams K, Burton E, Jenks M. Achieving the Compact City through Intensifation: An Acceptable Option? [M] //Jenks M, et al. The Compact City : A Sustainable Urban Form?. London: E & FN Spon Press, 1996: 83-96.

③ Tony P. N. Environmental Stress and Urban Policy [M] // Jenks M, et al. The Compact City: A Sustainable Urban Form? . London: E & FN Spon Press, 1996: 200-211.

④ Russ Lopez, MCRP, DSc. RESEARCH AND PRACTICE: Urban Sprawl and Risk for Being Overweight or Obese. American Journal of Public Health [J]. September 2004, Vol 94, No. 9. (http://www.ajph.org/cgi/content/full/94/9/1574)

设施的普及，生产上建立系统化的产业循环，整个城市从生产到消费最后到废弃物的处理属于封闭的循环体系。

2. 城市交通

在阿联酋阿布扎比，人们依靠废气零排放的公共交通工具代步，城内形成比较系统化的公共交通体系。驾车的访客若要到城内做客，必须先把车辆停泊在城外围的停车场，再乘电车到达目的地，城内任一点到公共交通站点的距离不大于200m，且每班次公共交通车的相隔时间不大于5min。在城市基础设施规划设计中，城市配套设施、学校、医院、环卫设施及城市广场、绿化等作为统一整体系统采用叠加的方式，保证辐射范围均匀。

生态城市伯克利利用完善的公共交通体系，采用太阳能交通工具及氢气车，在城市空间设计中强调自行车优先的理念，提倡步行交通，在功能布局上方便就近出行。未来的城市形态是三维的，提倡小尺度的建筑组合及结构，而非一个巨型的方盒子，这有利于城市的多样性及活力，增加人步行出行的几率。

在德国的弗赖堡，一方面，建设城市与周边地区之间的公共交通系统，建设城市有轨和公共汽车交通，形成整个周边地区融为一体的公交换乘网络以及整个区域城市连为一体的一票制交通管理体制，方便市民在所有公交换乘地点快捷地换乘，减少私人汽车的出行，降低空气污染。另一方面，鼓励自行车使用，保护环境，社区内积极发展与郊区相连的自行车道路网络，增建自行车停车场和停车位，使自行车交通在城市交通中的比重逐年提高，极大地减少了由于交通发展而导致的环境污染。

巴西城市库里蒂巴通过追求高度系统化、渐进式的城市规划设计，实现了土地利用与公共交通一体化，城市80%的出行均可依赖公共汽车，交通燃油消耗是同等规模城市的25%，每辆车的用油量减少30%。尽管库里蒂巴人均小汽车拥有量居巴西首位，污染却远低于同等规模的其他城市，交通也很少拥挤。此外，其垃圾回收项目和众多的以公共汽车文化为核心的各类社会项目也具有鲜明的特色。

3. 政策措施

伯克利城市在政策制定上，鼓励居民就近工作及颁布“就近出行”政策法规，减少长距离通勤；修改美国公路和公共交通投资补贴法规，修改道路设计和道路标示标准法规。在地方开发建设时，扩大市民参与决策的权利，提高自觉维护社区环境的公民意识，鼓励市民实施有利于生态发展的计划。

弗赖堡依靠提高能源价格以及分发节能灯等方式减少居民的能源消耗。城市垃圾处理项目、居民区生态环境处理项目加强目的明确并有系统的推进措施。

库里蒂巴通过提高排放标准，减少道路供应，加强税收、收费等政策执行力度，对乘坐公共交通城市居民及公交企业进行财政补贴。

4. 土地利用及开发方式

伯克利制定了不同的土地利用开发的优先权，优先开发紧凑的、多种多样的、绿色的、安全的、令人愉快的和有活力的混合土地利用社区，社区应靠近公交车站和交通设施。强调社会公平，不同种族、收入阶层平等地利用社会资源及设施。强调社区居住的混合功能，并建设供低收入者使用的住房。

库里蒂巴实行土地利用与交通相结合，鼓励混合土地利用开发方式，总体规划以城市公交线路所在的道路为中心，对所有的土地利用和开发密度进行分区，城市仅鼓励公交线路附近两个街区的高密度开发，严格抑制距公交线路两个街区外的土地供应，形成高密度与低密度相混合，高密度混合土地利用规划与已有的交通走廊规划合为一体的开发模式。依托公共交通线路，城市空间呈线状有序发展，依托道路或轨道交通系统提供的高可达性促进沿交通走廊的集中开发，土地利用规划方法也强化这种开发模式。轴线开发使宽阔的交通走廊有足够的空间用作快速交通。

5. 自然禀赋

修复损坏的城市自然景观，使自然景观纳入城市空间与城市生活，吸收城市排放的 CO_2 及污染物。

弗赖堡在城市景观处理上减少硬化地面，增加多种形式的透水地面（包括透水砖地、卵石地、孔型砖地、碎石地、有机质屑地等），改善环境；加强三维绿化层次，减少热岛效应，提高城市卫生状况及环境质量；以保持河与岸的自然过渡结构、维持岸边自然植被为原则来维护河流环境，维持局域生态系统稳定，使河水质清，景观自然美丽，维护费用少。

从以上简要的分析中，我们可以认识到，低碳城市的建设实际上是对城市要素的综合整治，对未来城市建设的目标、程序、内容、方法、成果和实施对策全过程进行规划建设，实现城市生态系统动态平衡、调控人与环境关系的一种有效手段。从国外低碳城市建设的实例分析中可以看出，实践重点包含了城市交通、能源利用、土地开发方式以及政策措施等方面，不同城市根据自身特点均有所侧重。

2.2 国内理论研究综述与实践

2.2.1 国内理论研究综述

国内对气候变化的研究起步较晚，随着《联合国气候变化框架公约》和《京都议定书》的签订而全面展开，国内研究主要集中在：

1. 国民经济及能源结构

从国际经济角度分析碳税、碳交易、国际技术经济合作框架、碳转让、经济激励的控制途径及全球合作模式来降低总的碳排放量。通过对碳产生的驱动因子、控制因子及约束因子的划分，探索低碳路径的社会经济及技术选择，提出适应中国发展国情及GDP指标的适应性排放量（潘家华，2003）①；通过能源结构的调整，增加低碳能源使用量，开发新型可再生能源，减少化石燃料的消耗，减少包括 CO_2 在内的污染物排放（胡秀莲，2007）②。近两年，许多学者运用反推法，以中国未来发展的环境可承受限度及经济运行保持在良好状态下，推断出中国的碳排放强度，并总结基准情景、一般情景及低碳情景条件下建筑中能源及碳排放指标，论证不同情景模式下的经济代价及实现既定目标的可能性；诸大建（2007）教授系统地论述了低碳城市交通发展的四种情景模式，提出从传统对策向系统化战略性转变的思维方式，及加强公众参与及公私治理的政策保障力度③。

2. 城市规划与城市结构

在城市规划领域，城市产业结构调整与技术进步能够降低生产中的碳排放量。基于低碳城市的发展观，从区域规划、总体规划及详细规划层面提出城市交通与土地使用、密度控制与功能混合方面的政策建议，提出低碳经济条件下的城市规划策略，许多研究涉及公共交通与混合土地利用（潘海啸，汤諹，

---

① 潘家华．长期碳排放需求与低碳发展路径的几个方法学问题［R］．低碳发展路径报告暨研讨会，2003年1月27日（北京）．

② 胡秀莲，刘强，姜克隽．中国减缓部门碳排放的技术潜力分析［J］．中外能源，2007（8）：1－8．

③ 诸大建．中国循环经济与可持续发展［M］．北京：科学出版社，2007：118－120．

2008；陈秉钊，2008；马强，2007）[①②③]。具体通过提高土地利用密度、混合使用，增加土地利用及交通的整合，推动就业与住房的平衡，强调了公共交通引导的土地开发模式（丁成日，2005）[④]。

与国外研究相同的是，城市结构上的紧凑化发展无疑也是国内许多学者多年普遍坚持的观点。从土地的集约化利用，城市棕地开发，其中利用了城市的绩效评价方法评估城市紧凑化程度[⑤⑥⑦]。中国国民经济“十一五”发展规划中也正式提出了中国国土范围内的紧凑化及集中发展，把中国国土划分为四大功能区[⑧]。在实证中，其依据也是从中国近几年土地扩张的速度着手，采取集中局部地区重点发展，全局平衡的发展策略。在城市空间结构上，重点不是发展大城市中心，而是发展中小城市，大城市中心不是趋于集中，而是走向分散。近几年上海9个新城、64个中心镇建设从实践上证实了城市集中或紧凑到一定程度，会带来聚集不经济，交通能耗增加，生活成本及基础设施的使用成本提高。

然而，这些研究或实践仍没有从量化的指标实证分析城市空间紧凑与综合能耗水平的降低之间是否存在着一个明显的门槛，何以达到最优化的状态，从而为城市规划与管理的决策者提供科学的依据。

3. 建筑排放领域

低碳建筑的研究主要在于减少物质及能源的消耗，减少终端建筑 CO_2 的排放量（reduce）；含碳物质材料产品的重复利用，增加产品使用年限，旧建筑再利用（reuse），生产过程物质重复循环（recycle），取消单向从生产到消亡的线性发展模式，实现“从摇篮到摇篮”的循环发展模式[⑨]，发展循环

---

① 潘海啸，汤諹，吴锦瑜等．中国“低碳经济”的空间规划策略［J］．城市规划学刊，2008（6）：57－63.

② 陈秉钊．城市，紧凑而生态［J］．城市规划学刊，2008（3）：28.

③ 马强．走向“精明增长”：从“小汽车城市”到“公共交通城市”［M］．北京：中国建筑工业出版社，2007：218－221.

④ 丁成日，宋彦，Gerrit Knaap，黄艳．城市规划与城市结构：城市可持续发展战略［M］．北京：中国建筑工业出版社，2005：132－139.

⑤ 韦亚平，赵民．紧凑城市发展与土地利用绩效的测度［J］．城市规划学刊，2008（3）：32.

⑥ 李翅．土地集约利用的城市空间发展模式［J］．城市规划学刊，2006（1）：49－55.

⑦ 仇保兴．紧凑度和多样性：我国城市可持续发展的核心理念［J］．城市规划，2006，30（11）：18－24.

⑧ 中华人民共和国国民经济和社会发展第十一个五年规划纲要．北京：人民出版社，2006.

⑨［美］威廉·麦克唐纳，［德］迈克尔·布朗嘉特．从摇篮到摇篮：循环经济设计之探索［M］．中国21世纪议程管理中心，中美可持续发展中心译．上海：同济大学出版社，2005：2.

经济，走可持续发展道路（诸大建，朱远，臧曼丹，2005）①。应加强建筑节能措施，建筑设计与发展要与当地气候条件相适应（陈飞，2008）②，努力实现建筑用能与产能、环保、可再生资源利用相结合，转变建筑的高能耗型消费模式，延长建筑生命周期（宋春华，2007）③。在环境、管理、材料及能源科学等领域评价建筑产品的全生命周期内能源消耗及排碳量上，以整合系统性策略解决建筑面临的能源及环境问题。有些学者通过试验比较，精确地计算出建筑物在不同的使用方式、空间规模状况下的电能消耗，为每平方米建筑的能源消耗及碳排放强度的计算提供了有力的数据，为城市节能减排提供了参照（江亿，2008）④。

4. 低碳城市治理

诸大建教授在研究中国循环经济时提出网络治理是在公共管理中改变传统科层制度，发展政府、企业及社会三方面共同参与的机制，政策制定要体现三方共赢的观点⑤。与上面三套机制相对应，发展低碳城市治理的政策类型应包括规制性、市场性以及参与性政策。在上海发展低碳经济的内涵、目标及对策措施的研究中，提出政策的实施中实现二氧化碳减排与经济增长的双重目标，企业获得可持续的利润空间，社会或公民获得生活品质的提升⑥。

2.2.2 国内低碳城市实践

国内低碳城市实践随着理论研究的深入，国际环境的变化及国家节能减排的实际需求而展开。目前相关实践包括上海崇明东滩、天津中新生态城、河北万庄生态城等。在这些实践中，低碳的中心思想体现为可再生能源的利用，水资源、耕地资源的保护，动植物多样性的培育等，以及低碳化的家庭生活方式、公共化的城市交通、电车、氢气车及自行车的使用等方面。对其进行总结，低碳思想集中体现在以下几点：

---

① 诸大建，朱远．生态效率与循环经济［J］．复旦学报（社会科学版），2005（2）：60－66.

② 陈飞．高层建筑风环境研究［J］．建筑学报，2008（2）：72－77.

③ 宋春华．建筑节能任重道远，降耗减排大有可为．建设科技，2008（Z2）：14－21.

④ 清华大学建筑节能研究中心．中国建筑节能年度发展研究报告2008. 北京：中国建筑工业出版社，2008.

⑤ 诸大建．建设绿色城市：上海21世纪可持续发展研究．上海：同济大学出版社，2003：209－211.

⑥ 上海市决咨委．“上海发展低碳经济的内涵、目标及对策措施的研究”报告．2009. 8.

1. 碳汇

上海崇明东滩在总体发展规划中根据自身特点，将碳汇分为三大块，分别为：湿地公园、农业园区及城镇建成区。从碳排放角度对应于吸碳空间、中性空间及排碳空间，东滩大片的湿地公园作为上海仅存的最后一块生态绿洲，不仅是野生动物的栖息地，而且对于平衡全市的碳汇空间发挥着重要的作用。

2. 开发方式

无论是上海崇明东滩，还是天津中新生态城，在总体规划上，兼顾土地开发与自然环境保护并存，整个区域合理布局组团。根据自身特点，整体上既非蔓延式发展也非完全集中式发展，在保持适度密度条件下，进行组团式开发，使土地利用方式多样，功能综合。区域间的联系尽可能规划太阳能动力及氢动力汽车，建有不受机动车干扰的独立的人行步道和自行车道网络，加上多样性社区，最大限度地缩短交通距离。步行、自行车、清洁能源公交车、水上出租车，将是这些区域人们未来的出行方式。

3. 能源利用

中国可再生能源除水能外，主要包括风能及太阳能，上海崇明具有最佳的风力发电优势，太阳能、风能结合的路灯，生态农业区内沼气应用普遍。在未来发展战略上主要依靠可再生能源来满足区域发展对能源不断增长的需求。

2.3　国内外理论研究及实践的简短评价

归结起来，国内外关于城市低碳经济的研究成果中，涉及城市结构、交通、生活及生产等多方面的内容。国外研究针对各国家城市的特点进行了实证分析，虽然许多研究方法及思路具有一定借鉴意义，但对于中国城市的研究仍不具有普遍的适用性。在国内研究中，低碳城市及低碳经济研究刚刚起步。国内低碳研究成果涉及城市结构、交通、生活等多方面的内容及规划、交通层面的落实。然而，多数研究没有从量化的指标进行实证分析，目前仅停留在定性的描述层面，尚缺乏深入细化的定量研究，对于城市低碳经济的理论架构、评判标准尚未建立。其次，在城市密度与城市结构的描述中，密度与碳排放之间存在相关性，然而，城市空间结构、城市与综合能耗水平的降低之间是否存在着一个明显的门槛，仍需要进一步研究。低碳城市研究作为复杂巨系统，在不同领域及层面存在自身内在的本质特征，若笼统地仅对其发展战略或策略进行研究，而缺乏相应的数据支撑，则缺乏一定的实用性，因此，本书针对上海发展低碳经济进行系统化、分层次、有差别的深入量化分析。

国内外低碳城市的实践，主要表现在大型低碳住区发展上，其理论内涵存在一定的认同性，中心思想体现为可再生能源的利用、耕地资源的保护、植物多样性的培育等，低碳化的生活方式、公共化的城市交通，电车、氢气车及自行车在住区的使用等方面。各地在实践中均结合自身特点，有选择性地针对具体理念进行实践操作。例如上海崇明东滩零排碳城市发展实践属于结合自身特点，发挥区域优势，但从实践的理论指导上并没有大的创新。未来实践上有多大程度的实现预定目标，仍需要观察。

随着学术界理论研究的深入，国际环境的变化及国家节能减排的实际需求的产生，政府在实践中既作为执行者又作为参与者，属于实践上的政府强力推动型。然而，从新型治理模式角度，单纯政府一方推动已很难取得实效，低碳城市的发展及建设需要探索一条由全社会成员共同参与的新型治理模式。

根据以上分析，本研究将在归纳整理现有国内外低碳经济与低碳城市研究成果的基础上，开展上海发展低碳经济和建设低碳城市的研究。重点研究上海发展低碳城市的理论内涵、模型及指标体系，调查分析上海大都市发展低碳城市的现状问题和制约因素，并在此基础上提出上海未来不同发展阶段的战略目标、行动纲领与对策措施。

本章小结

本章通过低碳城市的理论研究进行分析。通过文献综述，了解掌握目前国内外关于低碳城市的研究动态及研究现状，国内外从事低碳城市研究的代表人物及其主要思想。

国外理论研究主要从城市生活与城市消费领域、城市碳排放的综合构成及城市密度与城市结构方面对低碳城市进行了论述，指出了三方面内容：第一，制约城市碳排放的构成因素为城市交通、生产及建筑三大块；第二，城市生活消费及家庭能源结构与城市碳排放量之间存在对应关系；第三，城市密度及城市结构对城市交通碳排放影响较大，发展紧凑型城市、控制城市结构已成为众多国内外研究者的共识。代表人物包括美国学者爱德华·L·格拉什（Edward

L. Glaser)、卢斯·洛佩兹（Russ Lopez）；英国学者克里斯·古多尔（Chris Goodall）；澳大利亚学者杰夫·肯沃西（Jeff Kenworthy）及彼得·诺曼（Peter Norman）；日本学者柳下正治等。

国内理论研究主要集中在国民经济与能源结构、低碳城市规划与城市发展结构、节能与低碳建筑以及低碳城市的治理等几个方面。不同领域的代表人物主要具有不同的理论偏重及主张。

第3章
低碳城市内涵、模型及指标体系构建

3.1 低碳城市内涵

3.1.1 内涵研究背景

中国已经确定把低碳城市列为未来城市发展的重点，许多城市也已经把低碳城市建设作为未来城市工作的重心。前两年，英国首相布朗访问上海，签署了把上海东滩建设成为零排碳城市的相关文件，之后中国相继在上海与北方的保定划定低碳城市试点区，进而，中国的一些大型企业也相继进行了一系列低碳住区的开发实践。哥本哈根会议最终把低碳城市的研究与各方实践推到了时代的风口浪尖。但是，如何不把低碳城市作为简单的口号或者争取公众眼球的噱头，需要使全社会，包括学者、政府官员及公众等不同层面清楚了解低碳城市的概念、内涵特征及制约因素。

低碳城市的概念及其内涵与100年前的田园城市，21世纪的宜居城市、生态城市及健康城市有哪些不同之处呢？这就首先需要对低碳城市概念及内涵进行界定，研究低碳城市的内在特点。关于低碳经济，英国最早进行了定义，提出低碳经济是建立在低碳能源、低二氧化碳排放基础上的经济发展模式，低碳经济是通过更少的自然资源供给及更少的环境污染，获得更多的经济产出①。由此可以理解，低碳经济是在低碳模式下发展经济，或者是在经济保持高速运转下的低碳化发展模式。低碳化为经济发展带来了机遇，为社会发展提供了更多的就业机会和发展潜力，为人民生活福利水平的提高提供了新的标准。

对于低碳城市内涵，近几年国内许多学者针对中国的发展情况，结合国外的实践进行了相应的研究。夏堃堡认为，低碳城市就是在城市实行低碳经济，

① 中国科学院可持续发展战略研究组．2009中国可持续发展报告：探索中国特色的低碳道路．北京：科学出版社，2009：219.

包括城市生产及居民消费，低碳社会就是建立一个资源节约型、环境友好型、可持续发展的能源体系①。金石认为低碳城市是城市在低碳经济发展的前提下，保持城市碳排放及能源消耗处于较低水平②。以上研究均是从微观角度、能源发展领域及碳排放角度来研究，没有从全面系统的宏观与微观两方面来研究低碳经济的内涵。低碳经济既不是只要发展经济而不要低碳，也不是只为了达到低碳目标而以损失经济发展作为代价。低碳城市发展不仅包含了能源系统及碳排放问题，而且重要的是包含了发展问题，包括经济、社会文化及城市空间环境的全面发展，体现在微观层面的物质流生产过程及宏观层面的脱钩发展。

3.1.2　内涵确定

诸大建教授认为，低碳城市内涵包括两方面的含义，从宏观方面讲指的是经济增长与能源消耗增长及碳排放相脱钩，如果化石燃料使用及 CO_2 排放量的增长相对于经济增长或城市发展是非常小的正增长，就属于相对脱钩；如果是零增长或负增长，就属于绝对脱钩。从微观上的物质流过程来看，低碳经济包括下列三个方面的经济活动：在经济过程的进口环节，要用太阳能、风能、生物能等可再生能源替代化石能源等高碳性的能源；在经济过程的转化环节，要大幅度提高化石能源的利用效率，包括提高工业能效、建筑能效和交通能效等；在经济过程的出口环节，要通过植树造林、保护湿地等增加地球的绿色面积，吸收经济活动所排放的二氧化碳，即所谓碳汇③。

综合以上分析与发现进行归纳，城市属于物质空间范畴，同时又包含经济社会及环境，属于复杂的巨系统。低碳城市的内涵相应比单纯低碳经济内涵更广泛，意义更深刻，低碳城市包含了技术改进、空间紧凑等物质空间层面，低碳政策、法规、治理及生活消费的社会层面以及减少 CO_2 排放造成气候变暖等环境层面的内容。所以，对低碳城市内涵的研究应立足于产业支撑、消费支撑及政策支撑的基础上，围绕低碳城市的经济性、安全性、系统性、动态性及区域性的特点，研究低碳城市的碳排放构成、低碳城市的发展模式，以及减小能源使用、加大新能源利用的目标措施上。由此低碳城市研究应从以下三方面展开：

首先从城市碳排放构成上，强调建筑、交通及生产三大领域内的低碳发展模式，并涉及新能源利用、碳汇及碳捕捉（图 3－1）。据研究，从世界发展层

---

① 夏堃堡．发展低碳经济，实现城市可持续发展．环境保护，2008，2A：33－35.

② 金石．WWF 启动中国低碳城市发展项目．环境保护，2008，2A：22.

③ 诸大建．低碳经济能成为新的经济增长点吗．解放日报，2009－6－22.

面上，人类活动造成的温室气体中，CO_2 排放占据 77% 的比重。在总的 CO_2 排放中，主要由于四大领域的“贡献”，分别为交通、建筑、工业及森林减少。在所有碳排放中，森林减少占据 18.2%，城市生产、交通及建筑碳排放量约占城市总的碳排放量的 81.8% 以上，其中交通 17.5%（总温室气体的 13.5%），建筑使用中的电力及供暖 19.8%（总温室气体的 15.3%），工业占据 44.5%（总温室气体的 34.3%）①。而且，碳排放量将因城市建设活动的加强而不断加剧。研究将首先集中在如何在城市发展中，在经济快速增长中，最大限度地减小化石能源消耗，也就是降低单位 GDP 产值的能耗量，并提高能源利用效率，也就是从发展模式上强调城市发展与碳排放脱钩（图 3－2）。

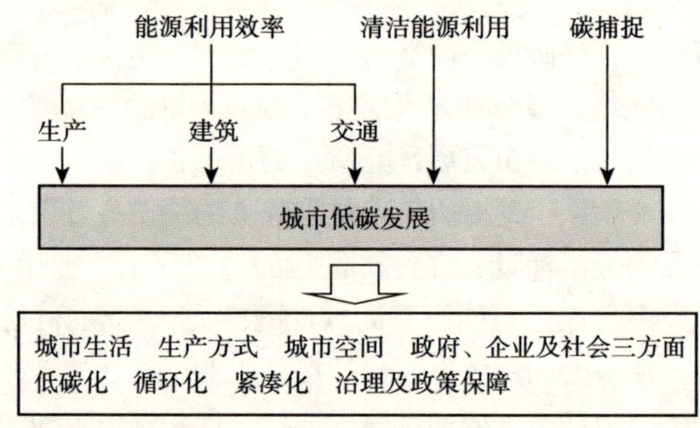

图 3－1 城市碳排放构成

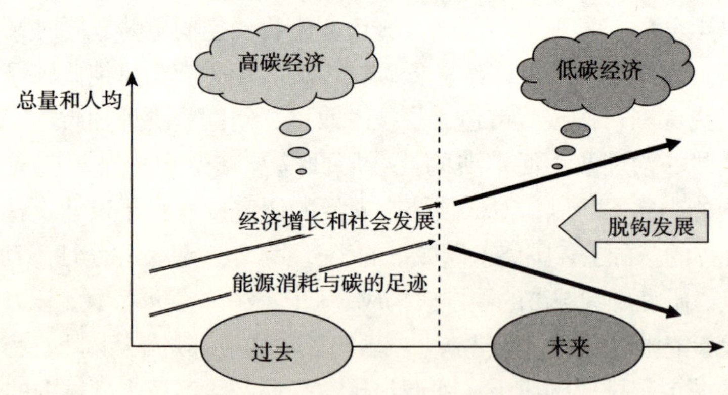

图 3－2 城市发展与碳排放脱钩

资料来源：诸大建教授讲稿

① 世界银行. 2009 世界发展报告：重塑世界经济地理. 胡光宇译. 北京：清华大学出版社，2009：191.

其次是城市发展中尽可能利用清洁能源，如用太阳能、地热及风能等零排碳能源替代常规能源。以上海为例，截止到 2007 年，不包括水能，上海的清洁能源占总能耗的比例不足 0.5%，主要体现为风能的利用，未来十年，当 GDP 增长一倍时，清洁能源的利用如能占到总能耗的 2% 以上时，就是巨大的进步。

最后将涉及碳汇及碳捕捉的问题。碳汇作为城市中的吸碳空间，碳捕捉作为碳固化的技术手段，是保证未来零排碳或负排碳的重要支撑。碳汇措施主要通过在城市中加强森林、沼泽及湿地等生态系统的规模，加大绿化系统建设，最大限度地吸收、储存及固化 CO_2，减少已经释放到大气中的碳含量。

3.2　低碳城市发展模型

3.2.1　现状分析工具

低碳经济发展模型的架构对于本项目研究具有关键作用，分析城市碳排放的几大组成部分：城市交通、建筑、生产及生活等内容之间的相关性；论证不同能源使用与 CO_2 排放量之间的关系。公式表述为 $CO_2 = KE$，E 为不同类型能源使用量，可按标准统一折算为标准煤。公式中 CO_2 为碳排放量，系数 K 为碳排放强度或者碳排放系数。不同国家、地区，不同的技术条件及能源结构，系数 K 是不等的。中国长期依赖煤来供应所需要的能源，结构不合理且能源利用率较低，根据相关学者研究，K 约等于 0.785；英国的能源结构较为合理，能源利用率较高，K 约等于 0.43（Chris Goodall，2007）。在此研究中，假定系数 K 为恒量，即本课题研究不再针对能源结构进行展开。K 值为恒量，低碳问题的研究就转化为对能源利用问题的研究。本课题将利用发改委近期公布 CO_2 与能源转换系数，对城市不同能源使用 CO_2 转化进行现状分析，力求准确，虽然现状研究工作量增加，但深入准确的研究将为低碳城市发展所需要的能源结构的变革提供研究基础。城市能耗主要包括建筑使用中居住及公共建筑使用中所消耗的电能、天然气、热力（$E1$），城市交通能耗（$E2$）及生产性能耗（$E3$）的总计。城市 CO_2 排放量直接采用模型一能源转化方法。

$$CO_2 = KE \qquad \text{模型一}$$

3.2.2　总量及三大领域目标预测模型

现状研究将展示过去城市发展中碳排放的惯性情景，未来到 2020 年总体目标预测将依据低碳城市发展的几大制约因素，利用人均 GDP 指标、单位 GDP 产出的能耗量及 CO_2 与能源的换算比（K）来获得，公式表述为：

$$CO_2\text{排放量} = P \times \frac{GDP}{P} \times \frac{E}{GDP} \times \frac{CO_2}{E} \qquad \text{模型二}$$

其中 P 为人口总量；E/GDP 为能源利用强度；CO_2/E 为碳排放强度。

根据模型二，可以依据上海市每年的经济规模，对未来城市 CO_2 排放量进行测算，从总体上明确未来城市发展低碳经济的目标。以上海为例，截至 2007 年，上海常住人口规模已超过 1858 万人，万元产值所消耗的能源折合为 0.83t 标煤，每吨标煤排放 CO_2 为 2.46t 左右①，以此可以计算上海 2007 年 CO_2 排放量为 2.45 亿 t（表 3－1）。同时根据模型二可以依据过去几年的碳排放增长率、人口年增长率、人均 GDP 的年增长率及单位产值的能源强度的年增长率，确定未来目标年 CO_2 排放的可能情景。

2007 年上海市 CO_2 排放总量 **表 3－1**

上海市人口（万人）	人均 GDP（万元/人）	单位 GDP 能源强度（t 标煤/万元）	K 系数（CO_2/E）	总 CO_2 排放量（亿 t）
1858	6.5	0.83	2.45	2.46

注：数据来源于上海统计年鉴 2007，代入模型二计算，K 系数为综合取值。

本研究中，总体目标的实现与制定需要与三大领域的研究目标相吻合，三大领域目标的计算模型将依据模型二，在深入研究三大领域碳排放影响因素的基础上，进行修正：如低碳生产模型可在依据模型二的基础上，GDP/P 指标转变为工业生产中的人均 GDP，E/GDP 采用工业生产总值的能源消耗量，这些均可通过相关统计年鉴的查阅来取得。在未来交通发展的目标分析中，通过过去研究的总结，我们发现，制约城市交通碳排放的影响因素主要取决于不同交通工具数量的增长及技术进步带来的交通工具的节能化程度。建筑碳排放的影响因素主要在于建筑数量的增长，近几年城市节能减排工作取得的进展使单位建筑面积的能耗不断下降。

三大领域的深入分析以及碳排放权的行业分配将会使上海低碳城市发展过

① 煤的含碳量在 60%～90% 左右，国家发改委根据中国的煤炭利用比例，建议取值为 67%，即 1kg 标准煤燃烧排放 0.67kg 碳，1kWh 电能排碳量为 0.272kg。折合 CO_2 排放量为 0.998kg，则相对于电能的 K 系数为 0.998.

程中的碳排放总量目标控制得到具体落实。

3.3　低碳城市的评价指标

3.3.1　三种模式运用

诸大建（2005）在研究自然资本稀缺条件下的中国发展时用情景分析法指出，在中国，已经制定了到2020 年人均GDP 在2000 年基础上实现再翻两番的经济目标，在此情况下，从当前到近期目标年这十年期间内，发展情景可以有三种模式，分别为 A、B、C 三种。其中，C 模式才是比较适宜中国当前阶段实际情况的发展模式①。三种模式作为中国发展低碳城市的适度理论背景，为 2020 年目标年低碳标准的制定提供了理论基础及行动纲领。

1. A 模式

所谓 A 模式，是采用了美国学者莱斯特・布朗在《B 模式：拯救地球，延续文明》的说法，表现为城市发展或经济增长和碳排放的压力同步发展，在 GDP 做大的同时，环境压力也变得更大了，这就是传统的惯性发展模式。中国目前许多城市发展仍处于 A 模式状态，城市发展一方面依赖于土地、矿产等资源的不断投入，另一方面仍是排放大量的 CO_2。尤其表现在中国的产业结构较低，以加工业及初加工业为生产特征的地区及省份。上海作为东部地区的发达城市，近几年通过关闭数千家污染强、投入多、产出附加值少的行业，不断地提高单位 GDP 的能源效率，然而仍然没有从根本上实现低碳化或零排碳的 B 模式，并且距离中国未来发展的 C 模式目标，还存在很大差距。然而相对于过去，实现了传统惯性发展模式下的不断改进。

2. B 模式

与 A 模式相对的是 B 模式，这是一种非常理想化的模式，是一种要求城市或经济发展与环境代价或环境负荷的增加实现完全绝对脱钩的减物质化模式。这是莱斯特・布朗在他的书中倡导的未来发展模式。它要求在经济增长的同时实现大规模的减物质化，目标是在经济持续正增长的同时，环境压力出现零增长甚至负增长，经济发展与环境压力二者之间开始进入“脱钩”（delinking）发展模式。长远来说，这样一种目标对于发达国家和发展中国家都是必

---

① 诸大建．生态文明与绿色发展．上海：上海人民出版社，2008：118－120.

需的，它是绿色现代化或生态现代化的真正内涵。但是中国依据目前发展情况不可能达到此种阶段，这种模式是建立在物质化生活丰富以后，人们福利水平大幅度提高，工业化进程基本完成，人们生活富裕的社会发展阶段。现在欧洲国家提出了在 21 世纪上半叶要实现生态经济效率为“倍数 4”甚至“倍数 10”的发展目标。所谓“倍数 4”，就是经济增长比现在增加一倍，而物质消耗和污染产生比现在减少一半（图 3 – 3）。而“倍数 10”就是经济与社会发展比当前增加 2. 5 倍的条件下，物质消耗及环境负荷比现在减小一半的情景模式。

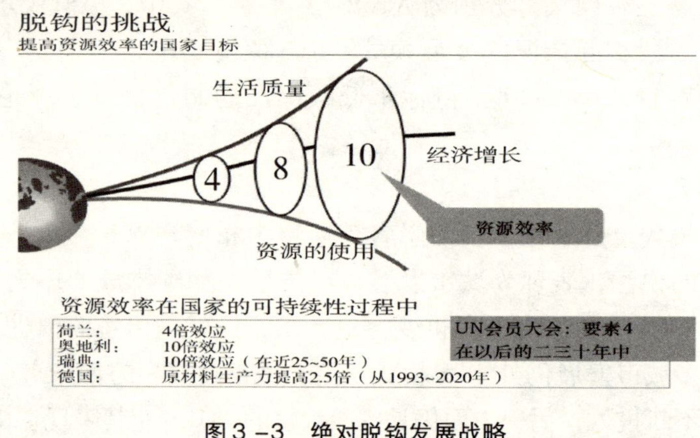

图 3 –3　绝对脱钩发展战略

资料来源：上海高顾委课题组．上海建设资源节约型城市研究

3. C 模式

C 模式是一种与中国现阶段发展相适应的可持续发展模式。由于中国当前环境压力及资源压力较大，人口在一定时期内仍要不断上升，碳排放总量已上升到世界第一位的水平。全球气候变暖、世界范围内的减排压力以及中国目前的能源状况迫使中国不能继续遵循传统的 A 模式发展道路，同时由于当前的发展阶段也不可能立即沿用较高发展阶段的 B 模式，为此，诸大建教授提出了与我国未来 15 年发展阶段相适应的发展模式，简称 C（China）模式。在 C 模式中，中国的经济仍保持既定目标的增长，同时碳排放有一个先减速增长，然后再趋于稳定的过程发展，最后实现脱钩发展。

欧洲不同国家未来几年已经把发展定位为“4 倍战略”或“10 倍战略”，中国的 C 模式根据当前中国实际，定位为“1. 5 ~ 2 倍数”发展模式。就是说，中国到 2020 年在经济总量翻两番的同时，允许碳排放最多增加到当前的1.5～2倍左右，用不高于1.5～2倍的碳排放换取3～4倍的经济增长和相应的社会福利。之后进入碳排放完全减量化阶段。该模式既能在未来10～15年的时间内使中国经济保持高速发展，同时又能照顾社会公平及环境问题，不断地、有步骤地削减碳排放。上海的目前发展阶段领先于其他地区，经济基础及技术条件具有一定的优势，同时人均碳排放已达到发达国家水平，因此有义务率先实行2020年的经济发展与碳排放平衡的目标（图3－4）。

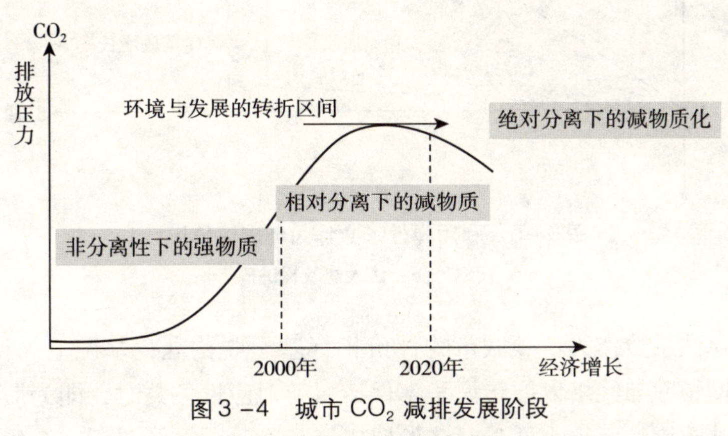

图 3－4　城市 CO_2 减排发展阶段

资料来源：诸大建教授讲稿

由此，对上海未来发展及碳排放设置了三种情景：一是当前发展模式下的情景，即惯性情景，这种惯性情景有别于布朗提出的A模式，因为上海前几年的发展已经逐渐在朝相对脱钩方向发展，所以模式运用时应立足基本原理，根据不同地区发展的实际情况进行修正；二是绝对脱钩情景，代表了未来发展中的理想情景，也就是碳排放零增长或负增长，城市或经济发展保持当前水平；三是介于以上两种情景之间的“1.5～2倍战略”的相对脱钩发展情景，按照弹性系数衡量，也就是小于0.5发展情景。

3.3.2　低碳城市评价指标选择

如何评价城市发展是否低碳，必须制定简便可行的评价体系，根据上述模式的论述，分别对应于三种评价指标。根据近几年能源效率的增长状况，采用年人均GDP增长率与 CO_2 排放增长率的比例系数，即用弹性系数来评价中国发展低碳经济的效果，分为三种情景：①A模式下当前惯性情景；②C模式

下 <0.50 情景；③未来 B 模式下零情景（图 3－5）①。

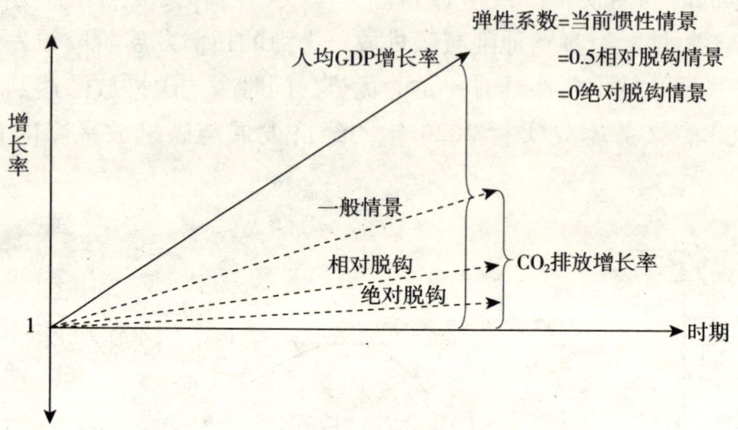

图 3－5　利用弹性系数作为低碳评价指标

资料来源：诸大建教授讲稿

运用弹性系数作为低碳城市的评价指标基于脱钩理论基础上的现实应用，当碳排放增长率与经济发展年增长率保持目前对应性关系时，即为惯性发展情景；当碳排放增长率大大低于经济发展年增长率时，在此采用 0.5 指标，即在当前保持经济增长的环境代价为经济增长速度的一半作为碳排放增长率，经济增长与碳排放实现了相对脱钩发展，相对脱钩时具体的弹性系数应根据不同城市各自的发展特点，采用情景反推，即以某一年份碳排放量作为基准年，本文将采用 2007 年为基准年，假定 2020 年碳排放到达峰值时为 2007 年的 1.5 倍来计算。零情景属于绝对脱钩发展情景，即经济增长率保持不变，而碳排放增长率为零，实现了城市发展与碳排放增长的绝对脱钩发展。

低碳评价标准作为本课题研究中的一种度量，对发展目标制定的切实可行及目前低碳住区发展阶段的判断有了可靠的依据和衡量标准。

本章小结

本章为理论研究内容，首先论述了低碳城市内涵，从宏观角度上为碳排放

① 陈飞，诸大建．低碳城市研究的内涵、模型与目标策略确定．城市规划学刊，2009（4）：7－13.

与经济发展脱钩，包括相对脱钩及绝对脱钩；从微观角度上立足于物质生产进口可再生能源替代、过程提高能源效率及出口端发展碳汇，加强 CO_2 排放的减量化。

低碳城市模型一作为城市碳排放的量化工具，通过能源利用进行转化，使国家间及城市间具有可比较的标准；模型二作为城市碳排放总量计算方法，受经济发展、人口结构及单位 GDP 能源强度影响，是对未来城市或国家发展低碳城市目标的有效测量工具。

低碳城市的评价指标采用弹性系数法进行衡量，评价指标的确立建立在三种模式运用的基础之上。借鉴欧洲国家的“4 倍数”战略，结合中国的实际，达到中国未来发展的“1.5～2 倍数”战略。评价指标的建立使不同城市发展低碳的有效性得到了具体的量化指标。

第 4 章
上海发展低碳城市的现状及总体目标

4.1 上海发展低碳城市的总体现状

4.1.1 碳排放总量

城市的碳排放总量是未来城市低碳目标的定位及低碳发展路线图制定的依据，同时对现状的真实了解可以在与其他城市进行准确的比较后，根据不同城市各自发展阶段采取适当的应对措施。

根据模型二，可以依据城市每年的经济规模、人口及能源效率提高状况，对未来城市 CO_2排放量进行总体测算，预测目标年相对于基准年的增长率，从总体上明确未来城市发展低碳经济的目标。经过测算，上海 2007 年 CO_2 排放量为 2.46 亿 t 左右，通过上海 2007 年的不同类型能源转化分析，2007 年 CO_2 排放约为 2.39 亿 t，两者数据基本吻合。从图 4－1 中可以看出，2003 年上海人均 GDP 的增长速度已经超过 CO_2 排放量的增长速度，2006～2007 年 GDP 的总量增长率增大，同期 CO_2 排放增长率减小，这得益于上海近几年节能减排政策的落实，使单位产值能耗不断地降低，年平均降幅保持在 4.4% 的水平，2007～2008 年又下降了 4.66%。政府制定了到十一五期末单位 GDP 能耗连续降低 20% 的目标，作为强制标准。虽然近几年强有力的政策措施的采用对总体的碳排放量增长率降低起到积极的作用，然而从人均碳排放角度，上海 2007 年已达到人均年 13t 的水平（图 4－2，表 4－1），同期人均 CO_2 排放量仍然高于北京、天津及香港等城市，且近几年差距在加大（图 4－3）。从世界不同国家层面来看，目前美国人均 CO_2 排放仍是世界最高的，据统计，2006 年美国人均每年排放已超过 19t，是中国同期的 5 倍。以目前的发展趋势，中国城市未来十年碳排放总量仍将会继续上升，其中居民生活消费支出造成的碳排放增幅加大，未来需要重点关注居民生活方式及城市居民能源消费结构。

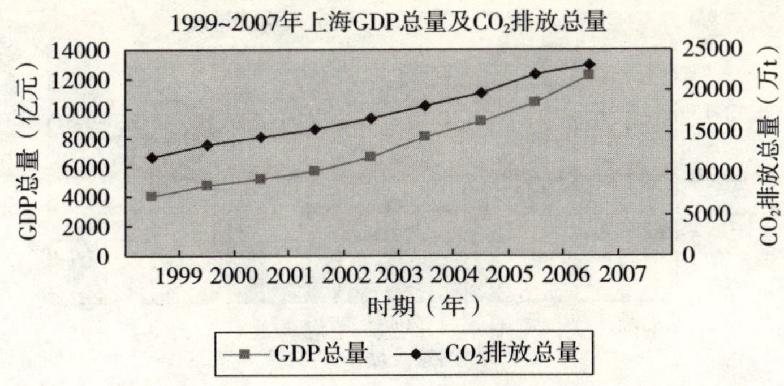

图4-1　上海 CO_2 排放总量发展趋势

资料来源：上海统计年鉴2000~2008，作者整理

2006年国家及城市 CO_2 排放比较　**表4-1**

	CO_2 排放量（万t）	人均 CO_2 排放量（t）
中国	541587.2	4.12
美国	569677.5	19.06
日本	121244.2	9.49
上海	21982.02	12.11
北京	14465.05	9.15

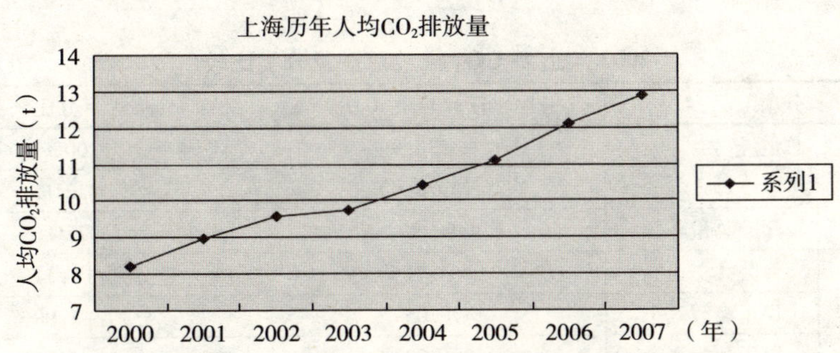

图4-2　上海人均 CO_2 排放量发展趋势

资料来源：上海统计年鉴2001~2008，中国能源统计年鉴2001~2008，作者整理

2007年上海相对于上一年，单位GDP能源消耗继续下降，假如以此作为未来一段时期的基本情景，到2020年上海总的 CO_2 排放量将会达到2007年的2倍左右，弹性系数为0.6，这样可以估计，按照上述低碳经济的评价指标，到2020年，上海的发展速度已经在不断地接近相对脱钩情景。

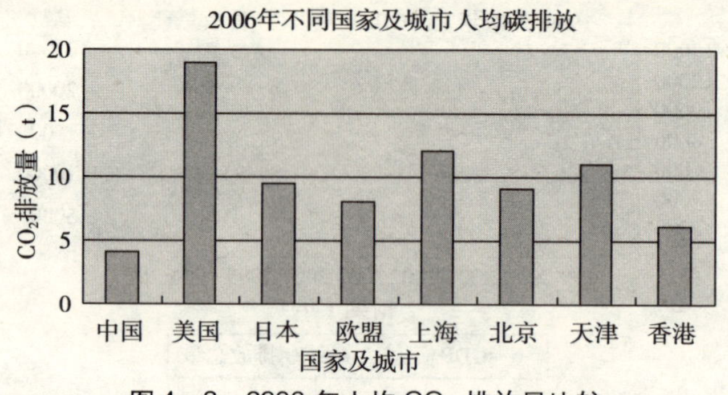

图4-3 2006年人均CO_2排放量比较

资料来源：上海统计年鉴．上海工业能源交通统计年鉴2006~2008，作者整理

4.1.2 分项指标比较

城市碳排放总量的计算对于城市总体上的减排意义重大，除此之外，从消费终端考虑，城市碳排放总量由三大部分组成，分别为生产、交通及建筑使用。经过深入地计算与研究，2007年，上海城市发展中三大分项分别占据城市总碳排放的58.21%、18.77%及16.12%的比例，三者总量超过总排放的93%以上（表4-2）[①]。分项指标的制定对减排政策的具体落实，各个行业碳排放权的公平分配具有直观的影响，上海城市碳排放分项指标具体计算方法将会在下面的章节内介绍。

2007年上海CO_2排放总量及分类比较 表4-2

分项		CO_2排放总量（万t）	百分比
总量		23930.99	100%
工业		13928.62	58.21%
交通运输	总量	4490.97	18.77%
	公共交通	264.71	分别占1.11%
	民用载客汽车	476.05	分别占1.99%
	民用载货汽车	396.03	分别占1.65%
	对外客货运	3354.18	分别占14.02%
建筑	总量	3857.51	16.12%
	居住建筑	1635.61	分别占6.83%
	公共建筑	2221.90	分别占9.28%

注：表中上海CO_2排放总量的计算已在本章中论述，交通运输及建筑使用CO_2排放及比例将在第4、5章中作详细论述。

① 陈飞，诸大建．低碳城市研究的理论方法与上海实证分析．城市发展研究，2009.

4.2　上海发展低碳城市的总体目标

4.2.1　发展低碳城市的现实问题及矛盾

通过以上分析，对低碳城市分项指标进行指标量化计算，可以找出上海发展低碳城市的现实问题及矛盾，从而可以为顺利制定低碳城市的战略目标及应对策略打下基础（图 4－4）。

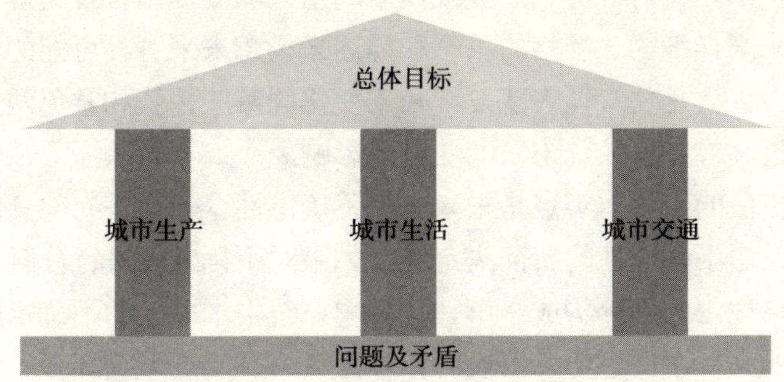

图 4－4　生产、生活及交通基础上的发展目标

首先，工业碳排放量虽然近几年出现大幅度下降，然而，所占比例仍然较大，可以发现，工业生产尤其是具有污染的重工业，包括水泥、化工、建材、能源等是制约上海低碳发展的主要障碍，所以未来一段时间，工业的产业调整、技术改进及产品升级将是城市发展低碳经济的重点与关键。

其次，交通运输中碳排放比例主要在于对外客货运交通，体现在民航、铁路、公路及水运等。这与上海在整个区域经济发展的定位、对外交流联系程度及在航空、海洋及公路的运输量有关。市内各种交通方式仅占交通运输总排放的 1/5，所以控制对外客货运交通对城市交通方面的降碳将会起着决定性作用。然而，由于民用交通近两年发展迅速，对交通碳排放的贡献不断上升，所以民用交通碳排放量的控制必不可少，未来市内政策的出发点也将集中在民用交通碳排放控制上。公共交通碳排放量在整个城市中总碳排放量中所占比例非常小，仅占到 1.1% 的比例，公共交通的发展对城市碳排放的贡献率很低，未来应大力发展公共交通。

第三，建筑碳排放所占的比重不断上升，主要在于上海人口的不断增长，建筑规模尤其是居住建筑规模不断增大，虽然节能减排措施的执行对单位建筑面积能耗下降起到一定的作用，但建筑碳排放总量仍在不断增大，未来发展低碳建筑应主要把着眼点放到对量的关注上，在居住建筑的开发中，主要控制中小户型的比例，减小人均尤其是富裕阶层的建筑面积指标。并且通过减小居住建筑中的能耗，维持公共建筑单位面积能耗及碳排放下降的趋势。

4.2.2 战略目标

1. 情景分析方法的应用

情景分析法是在对经济、产业或技术的重大演变提出各种关键假设的基础上，通过对未来详细的、严格的推理和描述来构想未来各种可能的方案。情景分析法的最大优势是使管理者能发现未来变化的某些趋势和避免两个最常见的决策错误：过高或过低估计未来的变化及影响。

情景分析法的最基本观点是未来充满不确定性，但未来有部分内容是可以预测的。这是由不确定性的特征决定的。如果对不确定性进行分解，我们可以发现，不确定性由两部分构成：第一，影响系统中本质上的不确定因素。影响系统是指影响某一事件趋势或发展的，相互联系、相互影响的多种因素和构成的体系。影响系统中本质上的不确定因素是无法预测的。第二，缺乏信息和缺乏对影响系统的了解。如果采用比较科学、系统的方法来把可预测的东西同不确定的东西分离出来，通过对影响系统和其可预测的、规律性因素的更多了解，可以大幅度降低不确定性，从而能预测未来的某些发展。

为达到预测的目的，情景分析法强调对未来的构想。因为如果未来是不确定的，那么一定存在几种同样可能的未来，对未来各种情景的构想可以增加我们对影响系统中规律性的、可预测的东西和根本上不确定的东西的理解。情景分析法的价值在于它能使人们对一个事件做好准备，并采取积极的行动，将负面因素最小化，正面因素最大化。情景分析法也提供了思想上的模拟，能保证人们按希望的方向行动。

对情景分析法分析步骤很多学者都进行过研究，比较权威的是斯坦福研究院拟定的六项步骤：

（1）明确决策焦点。确定所要决策的内容项目，以凝聚情景发展的焦点。所谓决策焦点，是指为达成企业使命在经营领域内所必须做的决策。焦点应当具备两个特点：重要性和不确定性。管理者的注意力必须集中在有限的几个最重要的问题上，而且既然情景分析法是一门预测未来动荡环境的重要技术，焦点问题必须难以准确预测，带有一定的不确定性。它们会产生不同的结果。如果问题十分重要但结果是能够确定的，则不能作为焦点。

（2）识别关键因素。确认所有会影响决策成功的关键因素，即直接影响决策的外在环境因素，如市场需求、企业生产能力和政府管制力量等。

（3）分析外在驱动力。确认重要的外在驱动力量，包括政治、经济、社会、技术各层面，以决定关键决策因素的未来状态。某种驱动因素如人口、文化价值不能改变，但至少应将它们识别出来。

（4）选择不确定的轴面。将驱动力量以冲击水平程度与不确定程度按高、中、低加以归类。在属于高冲击水平、高不确定的驱动力量群组中，选出2～3个相关构面，称之为不确定轴面，以作为情景内容的主体构架，进而发展出情景逻辑。

（5）发展情景逻辑。选定 2～3 个情景，这些情景包括所有的焦点。针对各个情景进行各细节的描绘，并对情景本身赋予血肉，把故事梗概完善为剧本。情景的数量不宜过多，实践证明，管理者所能应对的情景最大数目是 3 个。

（6）分析情景的内容。可以通过角色饰演的方法来检验情景的一致性，这些角色包括本企业、竞争对手、政府等。通过这一步骤，管理者可以根据自己的观点进行辩论并达成一致意见。更重要的是，管理者可以看到未来环境里各角色可能作出的反应。最后，认定各情景在管理决策上的含义。

本书第 2 章针对低碳城市的三种发展模式进行了论述，本章将运用情景分析方法对上海发展低碳城市的未来目标进行预测，诸大建教授在上海建设循环经济型大都市的研究中，对情景分析方法的内涵及适用条件进行了较为详细的论述，指出了情景分析方法的使用条件、影响因素及分析步骤①。

2. 目标选择

利用情景分析方法及工具，根据未来十年各项指标的发展预测，可以确定上海市未来不同阶段碳排放具有三种情景模式，情景分析中包括发展低碳城市的总体战略目标及三大领域分项目标、新能源利用及碳汇、碳捕捉目标。

2006～2007 年，单位 GDP 的能源消耗强度上海下降 4.66%，达到 0.833 吨标煤/万元 GDP 产值，北京下降 6.04%，天津下降 4.9%，山东下降 4.54%②。2000～2007 年，上海单位 GDP 的能源效率提高为年平均 4.4%，人

---

① 诸大建．生态文明与绿色发展．上海：上海人民出版社，2008：108－116.

② 中华人民共和国国家统计局．2007 年国民经济和社会发展统计公报．北京：中国计划出版社，2008．（http：//www. stats. gov. cn/tjshujia/tjzl/t20080228_ 402464953. htm）

均 GDP 增长率达到 11%，人口年增长率平均为 2%，未来几年上海市人口年增长基本控制到 50 万人以内，假定以此平均数作为未来 CO_2 排放惯性发展模式，并且假定未来上海 GDP 增长率保持年 7% 的中等速度发展，人均 GDP 保持正常 9% 的发展速度，未来 2020 年将会出现三种情景模式。现以图表绘制城市各项能耗指标及比例，作为研究结论，为下一部分低碳城市策略的制定提供参考依据（表 4－3）。

2020 年 CO_2 排放的情景模式分析 表 4－3

	CO_2 排放量（2007 年等于 1）			人口增长率（%）	人均 GDP 增长率（%）	能源使用效率增长率（%）	CO_2 排放量增长率（%）	弹性系数
	2012	2015	2020					
惯性情景	1.51	1.93	2.92	2%	11%	4.4%	8.6%	0.78
相对脱钩情景	1.17	1.28	1.5	2%	9%	7.8%	3.2%	0.36
绝对脱钩情景	1	1	1	2%	9%	11%	0	0

情景一：若能源生产率在 2007 年的基础上年保持 4.4% 的增长速度，人口年均增长 2%，没有大的产业结构调整，能源与 CO_2 的 *K* 系数保持不变，过去几年人均 GDP 年增长率为 11%，CO_2 排放量年均增长率 8.6%。未来十年，在可能情景模式下，假如人均 GDP 以年平均增长率为 9% 的速度增长，2020 年 CO_2 排放总量出现峰值状态时的 CO_2 排放量将达到 2007 年的 2.92 倍。

情景二：假如 2020 年 CO_2 排放量达到峰值状态时，CO_2 排放总量是目前的 1.5 倍，则能源生产率要在 2007 年的基础上年提高到 7.8%，CO_2 排放年平均增幅为 3.2%。年 CO_2 平均增长幅度与年 GDP 的增幅之比，即弹性系数为 0.36，属于相对脱钩情景。

情景三：若能源生产率在 2007 年的基础上年提高 11%，则 CO_2 排放将与 2007 年水平相等，CO_2 排放年平均增幅为 0%。年 CO_2 平均增长幅度与年人均 GDP 的增幅之比，即弹性系数为 0，属于绝对脱钩情景。

在比较分析世界其他国家或城市在不同年份的 CO_2 排放的目标时发现，上海在相当一段时间内城市碳排放量将继续上升，未来减排压力巨大①（表 4－4）。

① 陈飞，诸大建．低碳城市研究的内涵、模型与目标策略确定．城市规划学刊，2009（4）：7－13.

世界不同城市减量目标比较　　表 4－4

地区	目标年	减量目标
旧金山	2012	排放量比 1990 年再降 20%
西雅图	2010	排放量比 1990 年再降 7%
纽约	2010	排放量比 1995 年再降 20%
伦敦	2010	排放量比 1990 年再降 20%
东京	2010	排放量比 1992 年再降 6%
上海	2020	相对脱钩：2000 年的 2.67 倍
		绝对脱钩：2000 年的 1.78 倍

本章小结

本章首先对上海发展低碳城市的现状进行分析，通过模型一，定量化研究目前上海 CO_2 排放总量，进而计算出城市生产、交通及建筑等各部分分项在城市总的 CO_2 排放中所占的比例。其次，通过现状分析找出目前上海发展低碳城市所存在的问题及矛盾，并研究碳排量影响因素。第三，通过模型二，根据目前发展状况，运用情景分析方法分别预测到近期 2012 年、中期 2015 年及远期 2020 年上海低碳城市的发展目标及惯性、相对脱钩、绝对脱钩三种情景模式。

第5章
上海发展低碳建筑的对策措施

5.1 上海发展低碳建筑研究的理论及方法

5.1.1 研究范畴及方法

中国正处于城市化初期，巨大的建设量及人们生活水平的提高造成建筑建造及运行过程中能耗量不断增加，建筑全生命周期能耗（建造及运营）已占据社会总能耗的20%～30%，在发达国家，这一指标已经达到40%的比重，其中建筑运行阶段能耗已占据建筑总生命周期内能耗80%左右，所以建筑运行阶段节能将是城市节能减排工作的重点。

对低碳城市研究必须包含城市建筑领域在未来的低碳化发展问题、趋势及策略，就要针对城市建筑使用状况进行能源消耗及碳排放计算。在全国及上海统计年鉴中，能源消耗的统计量是按照产业来划分的，即第一产业、第二产业、第三产业及生活消费，建筑能耗主要包含在第三产业能耗统计中的批发零售贸易业及餐饮业及其他能耗中，其他能耗指的是教育、办公及中小学校等普通公共建筑能耗。在所有的建筑中，从使用功能上，分为生产性建筑及民用建筑，生产性（工厂）建筑能耗及碳排放量已在生产用能及碳排放量中统计，民用建筑主要包括住宅及商业办公等非生产性公共建筑，为了保证研究的准确性，本节仅讨论民用建筑运行阶段的能源消耗。

然而，上海在近几年统计年鉴中，对建筑使用阶段能耗统计不足，没有包含教育、中小学校及普通办公建筑，使上海建筑能耗的研究具有许多不确定性，所以上海民用建筑能耗数据来源主要来自中国能源统计年鉴中上海地区调查。

民用建筑碳排放量主要包括公共建筑及居住建筑。居住建筑CO_2排放量包括空调、照明及家用电器等用电造成的碳排放，同时包括炊事、取暖及热水等生活消耗排放；公共建筑 CO_2 排放量主要包括空调、照明及设备消耗的电能及热水和采暖消耗的热能（表 5－1）。

低碳建筑研究内容　表 5－1

低碳建筑		居住建筑	公共建筑
	电耗	空调、照明、家电	空调、照明、设备
	热耗	炊事、热水	采暖、热水

（1）居住建筑电耗：采用上海统计年鉴中分品种生活能源消耗总量中电力值作为空调、电器及照明的用电量计算，其他各项作为家庭生活的燃气、热水及炊事等能耗计算。在生活能源消费中，还包含了家用小汽车的能源消耗，在前几年，上海市家庭小汽车量较少，小汽车能耗可以忽略不计，然而近几年，随着人们生活水平的提高，小汽车使用量直线上升，小汽车交通能耗必须考虑。

（2）居住建筑热耗：采用上海统计年鉴及中国能源统计年鉴中生活消费中用于液化石油气、天然气、煤气、燃煤及热力的总消耗，然后按照相关系数折算为标准煤量。生活消费中汽油、燃料油及制品主要用于家庭私人交通工具，未包含在建筑能耗中。

（3）公共建筑电耗：采用上海统计年鉴及中国能源统计年鉴中交通运输、仓储及邮政业，批发零售及住宿餐饮业以及其他（包括办公、学校及事业单位）各项中的电力消耗指标。

（4）公共建筑热耗：在中国能源统计中的行业分项，第三产业包括交通运输、仓储及邮政业，批发零售及住宿餐饮业以及其他（包括办公、学校及事业单位）各项。能源分类中用于热量的包括原煤、天然气、煤气及热力，汽油主要用于这些行业的小汽车交通，未包括在建筑热力能耗使用中。

5.1.2　低碳建筑的内涵及模型确定

1. 低碳建筑内涵

低碳建筑研究应首先确定内涵，内涵确定将为低碳建筑最终发展及策略制定奠定基础。

从建筑全生命周期内的微观角度物质流过程来看，低碳建筑包括下列三个方面的物质活动：在建筑全生命周期过程的进口环节，要用太阳能、风能、生物能等可再生能源替代化石能源等高碳性的能源；在建筑使用过程中，要大幅度提高化石能源的利用效率，加强建筑节能；在全生命周期的出口环节，要通过植树等绿化面积的增加，吸收建筑活动所排放的二氧化碳，即所谓碳汇[①]（图 5－1）。

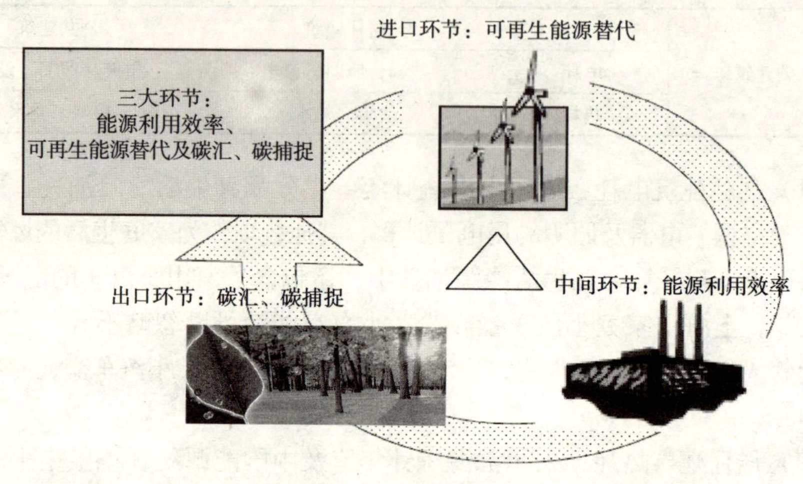

图 5－1　低碳建筑内涵

2. 低碳建筑模型

低碳建筑模型的制定应首先确定制约建筑碳排放的影响因素，借助于低碳城市模型二确定的理论与方法，根据建筑低碳发展的自身特点进行修正[②]。从模型二可以看出，制约城市碳排放的三大因素为人口、经济发展与总量，单位 GDP 的能源消耗强度以及单位能源消耗折合 CO_2 排放量。从对上海碳排放总量的实证分析中可看出，近几年单位居住建筑面积的能源消耗变化幅度很小，而单位公共建筑 CO_2 排放量在逐年下降（图 5－6、图 5－12），然而由于建筑规模增长造成的反弹效应使建筑碳排放总量不断上升。由此，制约建筑碳排放的因素为建筑规模、单位建筑面积的能源消耗及建筑使用中单位能耗的 CO_2 排放量指标，同时还取决于建筑使用中可再生能源对传统能源的替代率 K，模型修正后表述为：

$$CO_{2\text{建筑}} = \text{建筑面积} \times \frac{E}{\text{建筑面积}} \times \frac{CO_2}{E} \times (1+K) \qquad \text{低碳建筑模型}$$

注：此处 K 指的是可再生能源利用年增长率。

① 诸大建．低碳经济能成为新的经济增长点吗．解放日报，2009－06－22.

② 陈飞，诸大建．低碳城市的内涵、目标及对策措施确定．城市规划学刊，2009（4）.

以上关于低碳建筑的内涵及模型确定将为第二部分上海实证分析中的定量化研究及最终目标策略的确定奠定基础。

5.2　上海建筑使用阶段碳排放现状及问题

对上海低碳建筑发展、趋势及策略进行研究，首先就要针对城市建筑使用状况进行能源消耗及碳排放计算。上海市建筑碳排放量现状研究将集中在以下三点：一是了解上海建筑碳排放的总量及在总的碳排放中的比例。二是分别研究居住及公共建筑的碳排放现状、问题并与全国及相应城市比较，归纳总结上海建筑碳排放的特点；民用建筑使用碳排放量主要包括公共建筑及居住建筑。居住建筑 CO_2 排放量包括空调、照明及家用电器等用电造成的碳排放，同时包括炊事、取暖及热水等生活消耗排放；公共建筑 CO_2 排放量主要包括空调、照明及设备消耗的电能及热水和采暖消耗的热能。三是对不同建筑面积、规模的碳排放进行研究，分析预测未来建筑碳排放情景模式，为低碳建筑实施及相关政策的制定提供依据。研究中如何能够比较全面准确地对上海建筑碳排放的现状进行把握，首先应对研究对象及研究范畴进行科学确定。

经过研究发现，上海 2007 年建筑碳排放已占据社会总能耗的 16.12%①以上，包括住宅生活及公共建筑，而建筑使用阶段的碳排放比例仍然会随着人们生活水平的提高而逐年上升。

5.2.1　城市建筑碳排放

1. 城市居住建筑碳排放

1）居住建筑电力消耗及碳排放

上海居住建筑电力消耗造成的碳排放量主要取决于城市家庭生活能源利用结构，包括采暖、空调、热水、家电及炊事中各能源所占的比例。据统计，2007 年上海城市家庭生活能耗逐年上升，其中家庭生活的电力使用造成的 CO_2 排放量由 2000 年的 452.2 万 t 增长到 2007 年的 1127.6 万 t，占上海总 CO_2 排放量的 5%；平均单位居住面积电能消耗造成的 CO_2 排放量由 2000 年 21.67kg 增长到 2007 年的 26.01kg，相对于前几年略有上升（图 5－2、图

① 陈飞，诸大建．低碳城市研究的理论方法与上海实证分析．城市发展研究，2009（10）．

5－3，表5－2）。

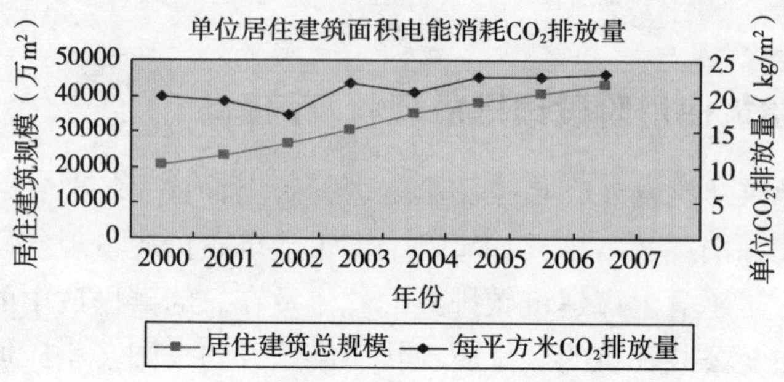

图5－2　上海居住建筑规模及单位面积电力消耗 CO_2 排放

资料来源：上海统计年鉴2001～2008，中国能源统计年鉴2001～2008，作者整理，下图同

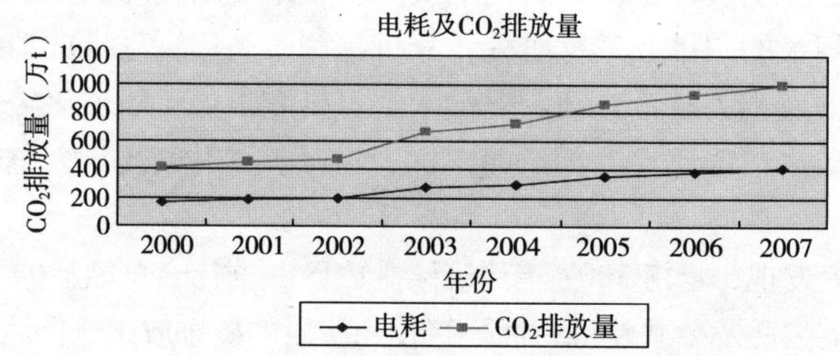

图5－3　上海居住建筑电力消耗及 CO_2 排放量

上海居住建筑电力消耗及 CO_2 排放量（万t）　　**表5－2**

年份	2000	2001	2002	2003	2004	2005	2006	2007
居住建筑电耗	53.2	56.99	61.85	82.87	90.64	109.2	122.37	131.12
CO_2 量	452.2	490.1	531.9	712.7	779.5	939.1	1052.4	1127.6

资料来源：上海统计年鉴2001～2008

上海与其他城市的比较分析中，2004年，上海居住建筑生活电力消耗为99亿kWh。家庭生活的电力使用中，空调占16.5%，照明占23.9%，家电使用占29.7%。单位面积空调能耗上海为每平方米4.6kWh，而北京为2.7kWh，2004年总电力消耗为49亿kWh，相差近一倍。总电力消耗上海单位面积28kWh；北京单位面积18kWh，住宅单位面积电力消耗两地差距较大（图

5－4，表5－3）。

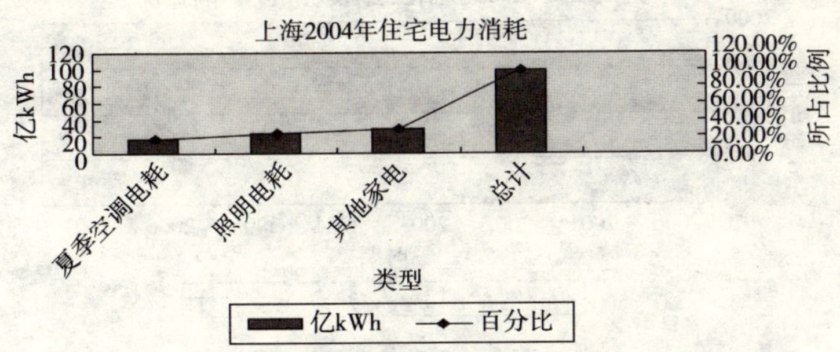

图5－4　上海2004年居住建筑电力消耗分项指标

（资料来源：中国建筑节能发展报告2008）

2004年上海城镇住宅电力消耗分项　　**表5－3**

城镇住宅面积（万 m^2）		夏季空调电（亿 kWh）	照明电耗（亿 kWh）	其他家电（亿 kWh）	总计（亿 kWh）
上海	35211	16.3	23.6	29.4	99
	单位面积	4.6	6.7	8.35	28.1
北京	26200	7.3	17.6	20.9	49
	单位面积	2.79	6.72	7.97	18.7

注：照明能耗采用单位面积6.8kWh/m^2·年的指标计算。

资料来源：中国建筑节能年度发展报告2008

2）居住建筑热力消耗及碳排放

上海居住建筑的热力消耗近几年出现下降趋势，2000年热力消耗排放 CO_2 总量为493.41万t，2007年达到508.01万t，平均单位居住面积炊事及热力消耗 CO_2 排放由23.64kg减小到11.3kg。在建筑规模增加1倍的状况下，两个时期热力消耗基本持平。表明单位居住面积热力消耗下降了近50%，尤其是2006年及2007年，相对于2005年下降近80%。热力消耗下降的原因在于天然气用量及液化石油气用量增大，同期燃煤热量消耗略有下降（图5－5）。

通过城市间比较来看，家庭炊事、天然气及热水基本占总生活碳排放量的1/4；2004年数据显示，上海单位居住面积的热耗造成碳排放量为每平方米8.95kgCO_2，而北京为12.14kg，全国平均为6.3kg，这主要由于北京属于寒冷地区，冬季热水用量较大的缘故（图5－6）。

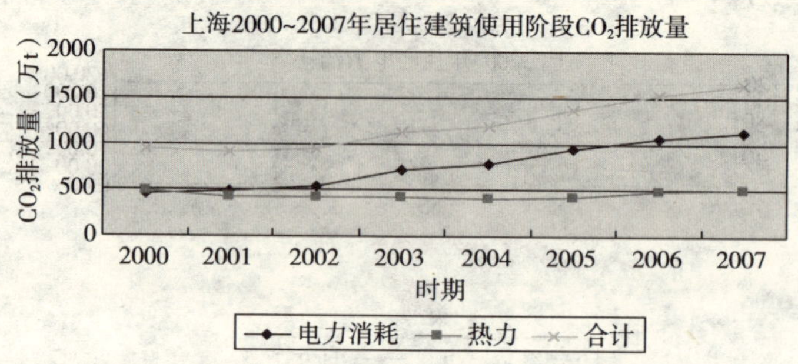

图5－5　上海居住建筑使用阶段 CO_2 排放趋势

资料来源：中国能源统计年鉴2001～2008，作者整理

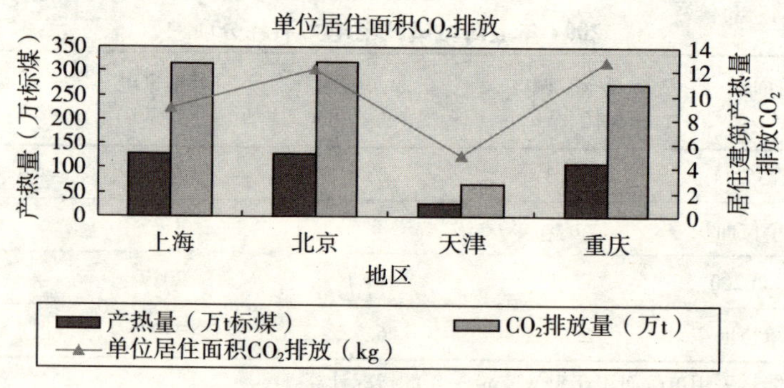

图5－6　2004年不同城市热力消耗 CO_2 排放比较

资料来源：中国建筑节能年度发展报告2008

3）居住建筑碳排放总量及单位居住面积 CO_2 排放

从居住建筑总的发展趋势上，2000年上海居住建筑总面积为20865万 m^2，2007年增长到43293万 m^2，增幅1倍以上，年增长率为11%，居住建筑中总的 CO_2 排放从2000年的538.63万t增加到1635.61万t，平均增幅2倍以上，年增长率17.2%，两者的发展趋势保持平行倾斜上升（图5－7）。

上海居住建筑规模增长一倍多，单位居住面积的 CO_2 排放量走势呈缓平的S形曲线，2000年每平方米为25.8kg，2007年为37.8kg。2004年降到最低，2007年略有上升，由此可以推测，居住建筑使用阶段的 CO_2 排放量主要在于建筑规模及建筑总量的增加，与居住建筑总面积保持极强的相关性（图5－8）。

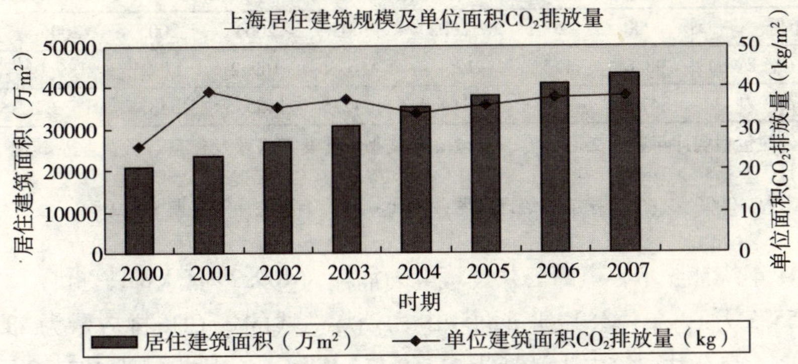

图 5－7　上海居住建筑规模及单位面积 CO_2 排放量

资料来源：中国能源统计年鉴 2001～2008，作者整理，下图同

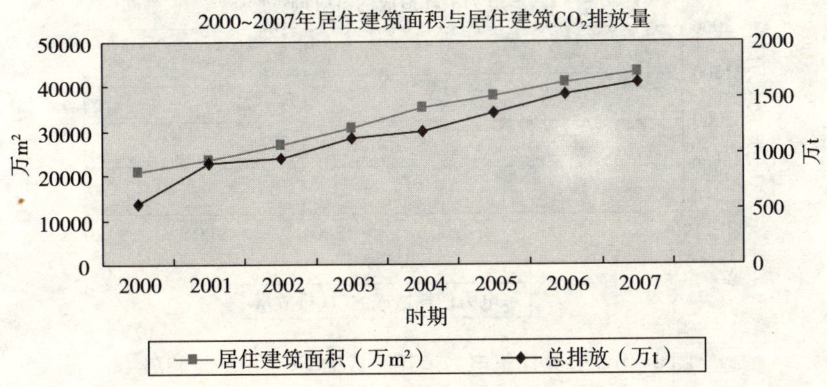

图 5－8　上海居住建筑规模及总的 CO_2 排放量关系

2. 城市公共建筑碳排放

1）公共建筑电力消耗及碳排放

公共场所碳排放计算包含酒店、办公及商业等公共空间的空调及采暖。据研究，使用中央空调的大型公共建筑的能耗为普通建筑能耗的 2～3 倍，不同公建类型平均每年每平方米的电力消耗存在巨大差异①。

上海 2000 年公共建筑规模为 1.3 亿 m^2，2004 年达到 2.4 亿 m^2，截止到 2007 年，这一数字已上升到 3.16 亿 m^2，平均年增长率 19.5%。电力消耗造成的 CO_2 排放量 2007 年达到 1821.4 万 t，是 2000 年的 2 倍多（表 5－4）。

① 陈飞，诸大建．低碳城市研究的理论方法与上海实证分析．城市发展研究，2009（10）.

上海公共建筑电力消耗及相应 CO_2 排放量　　表 5-4

年份	2000	2001	2002	2003	2004	2005	2006	2007
用电量（亿 kWh）	98.6	114.9	135.4	156.1	169.2	179.5	189.9	211.8
CO_2 排放（万 t）	847.9	987.8	1164.4	1342.5	1455.5	1543.3	1633.8	1821.4

注：公建包括统计年鉴中交通运输、仓储及邮政业，批发零售业及住宿、餐饮业及其他（办公及学校）总计。

资料来源：2006~2007 中国能源统计年鉴，2001~2005 上海统计年鉴表 6-10

2004 年统计显示，上海公共建筑电力消耗为 169.24 亿 kWh，折合 CO_2 排放量为 1455.5 万 t，单位公共建筑面积电力消耗造成的年 CO_2 排放量为 48.6kg①；2007 年，上海公共建筑电力消耗为 211.8 亿 kWh，CO_2 排放量为 1821.4 万 t，单位公共建筑面积电力消耗造成的 CO_2 排放量年增长率平均超过 20%（图 5-9）。

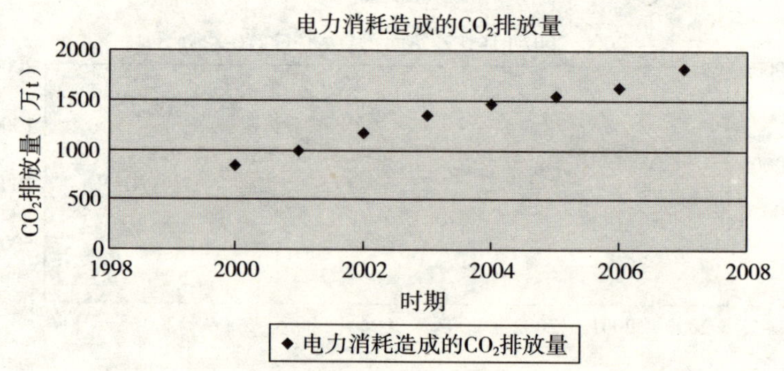

图 5-9　公共建筑电力消耗造成的 CO_2 排放量趋势

资料来源：中国能源统计年鉴 1999~2008，作者整理，下图同

2）公共建筑热力消耗及碳排放

上海市公共建筑热力消耗 2000 年为 181.25 百亿 kJ，2007 年为 163.72 百亿 kJ；天然气使用量从 2000 年的 1.03 亿 m^3 到 2007 年增长到 2.37 亿 m^3，增长幅度超过一倍；液化石油气使用总量基本保持稳定，由于原煤使用增幅较大。公建中用于热力消耗的 CO_2 排放量从 2000 年 158.74 万 t 增长到 2007 年的 400.50 万 t，增长近两倍（图 5-10）。

与居住建筑对比来看，上海公共建筑 2000 年以来用于热力及炊事的 CO_2 排放量大幅上升，然而单位公共建筑面积热力消耗造成的 CO_2 排放量仅由

① 清华大学建筑节能研究中心．中国建筑节能年度发展研究报告 2008. 北京：中国建筑工业出版社，2008：23-33.

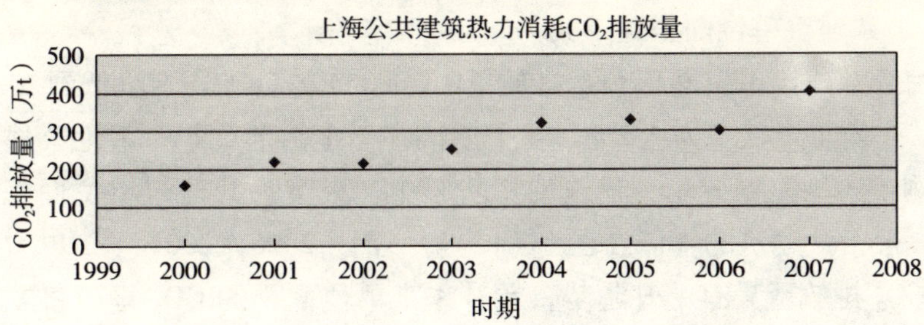

图 5－10　上海公共建筑热力消耗 CO_2 排放量

2000 年的每平方米 11.89kg 增长到 2007 年的 12.67kg，由此再次证明，规模增加是建筑碳排放增量增大的决定因素。

3）公共建筑总能耗及碳排放

公共建筑的碳排放总量与建筑规模具有极强的正相关性。2000～2004 年，公共建筑规模的增长幅度小于碳排放的增长率；2005～2007 年，碳排放增长率小于公共建筑规模的增长率，两者之间呈螺旋状发展。单位建筑面积的碳排放总体趋势上下降，但公共建筑使用阶段碳排放总量不断上升，年平均增长率 11.9%，公共建筑数量的增多是导致上海公共建筑使用中碳排放量翻倍的主要原因（图 5－11，表 5－5）。

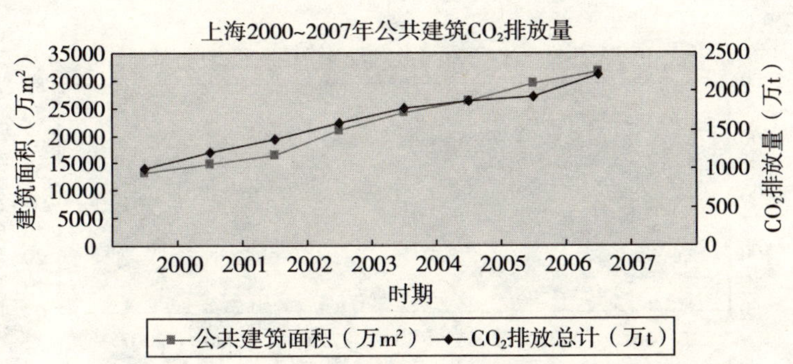

图 5－11　上海公共建筑规模及 CO_2 排放量相关性

资料来源：中国能源统计年鉴 2001～2008，作者整理，下图同

上海市公共建筑规模及单位面积 CO_2 排放量　　　　表 5－5

年份	2000	2001	2002	2003	2004	2005	2006	2007
规模（万 m^2）	13341	14849	16526	20815	24102	26201	29425	31590
单位面积 CO_2 排放量（kg/m^2）	74.7	66.5	70.4	64.4	60.3	58.9	55.5	57.7

资料来源：上海统计年鉴 2001～2008

4）公共建筑单位面积碳排放

上海公共建筑单位面积 CO_2 排放量由2000年的74.7kg，降低到2007年的57.7kg，平均年降低率为4.2%，主要原因在于上海前几年一般性公建及办公所占比例较大，数据显示，建筑使用阶段中，大型公共建筑单位面积的 CO_2 排放为一般公共建筑的4倍（图5－12）。然而，2006～2007年，单位公共建筑面积 CO_2 排放量具有上升趋势，预计未来单位面积的 CO_2 排放将发展为一条比较清晰的S形曲线，未来仍有上升的可能（图5－13）。

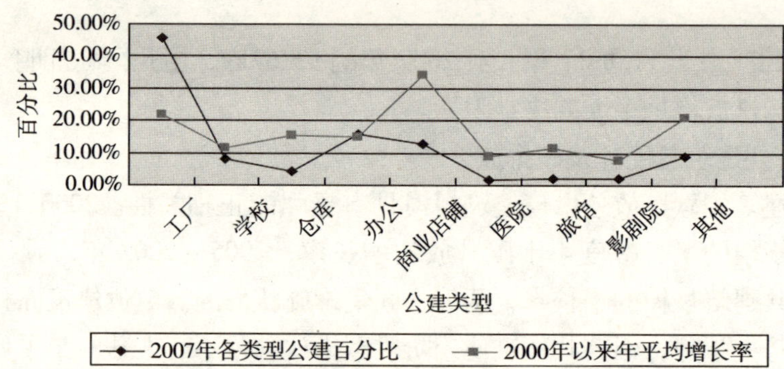

图5－12　上海公共建筑比重及单位面积 CO_2 排放量

资料来源：上海统计年鉴2001～2008，作者整理

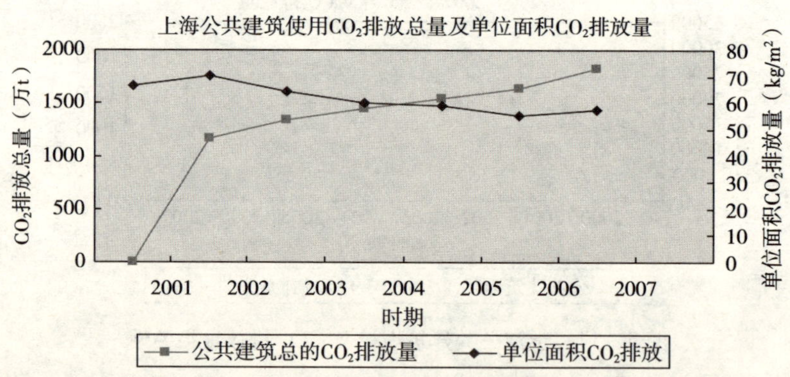

图5－13　上海公共建筑 CO_2 排放总量及单位面积排放量比较

目前，在我国随着人民生活水平的提高，建筑能耗占社会总能耗的比重会进一步上升。发达国家建筑能耗占社会总能耗已经达到35%～40%，很早就超过工业能耗，从而成为社会总能耗中分量最大的一部分。因此，建筑节能对于上海乃至全国范围内节约能源的意义也越来越大，在目前能源紧张的情况下，

显得尤为紧迫。

5.2.2 上海建筑总碳排放量及比例

上海建筑总碳排放量等于公共建筑及居住建筑碳排放量之和，随着上海市人民生活水平的不断提高，上海建筑能源消费以年均10.2%的速度递增，略低于经济的发展速度。CO_2 排放量由2000年的1952.25万t增加到2007年的3857.51万t。与此同时，上海总能源消费总量年均增速为8.6%。由此看出，建筑使用阶段能源消费增长的幅度已经超过能源消费总量的增长幅度。建筑能源消费占全市能源消费的比重也由2000年的14.5%持续攀升至2007年的16.12%，建筑能源消费总量的快速增长，加剧了上海 CO_2 排放的压力（表5-6）。

2004年不同地区建筑 CO_2 排放比较 **表5-6**

	人口（百万人）	公建（万 tCO_2）	居住（万 tCO_2）	合计（万 tCO_2）	人均（tCO_2）
上海	17.42	1777.51	1193.2	2970.71	1.71
北京	14.93	3276.38	738.23	4014.61	2.69
中国	1313.3	15901	38857	54758	0.42
美国	297	74186	100671	174857	5.89
日本	127.8	19429	16783	36212	2.83

数据来源：中国建筑节能研究报告2008，中国能源统计年鉴2005

5.2.3 问题及影响因素分析

1. 问题分析

通过对2000~2007年上海市建筑发展过程中 CO_2 排放量的分析，发现以下事实与问题：

上海居住建筑总 CO_2 排放量上升，增长到2000年的1.73倍，平均单位居住面积 CO_2 排放量在不同时期同比下降，2007年相对于2000年单位面积碳排放略有下降，居住建筑总的节能率相对于1999年有大幅上升，2000年不太明显。

居住建筑中电力消耗增长到2000年的2.5倍，平均单位居住建筑面积 CO_2 排放量增长到1.2倍，居住建筑面积的增加是 CO_2 排放量增加的关键因素。

居住建筑中炊事及热力消耗造成的碳排放两个时期近似相等，平均单位居住面积炊事及热力消耗造成的 CO_2 排放量减小到原来的0.48倍；这主要在于家庭天然气及液化石油气的应用及普及。

上海公共建筑总能源消耗增长到原来的2.45倍，平均单位公建面积 CO_2 排放量降低到原来的0.93倍，略有下降，主要原因在于公共建筑面积的增长及公共建筑节能措施的实施力度不够。

公共建筑中电力消耗 CO_2 排放量增长到2.15倍，平均单位面积公建电力消耗造成的 CO_2 排放量为同期的0.91倍，略有下降；结果证明公共建筑电力节能并不显著。

公共建筑中炊事及热力消耗总 CO_2 排放量增长到原来的2.52倍，平均单位面积公建炊事及热力消耗造成的碳排放量与原来持平。结果证明公共建筑热力节能措施维持原样，仍没有实现大的突破。

2. 影响因素分析

上海居住建筑用能及碳排放量增减变动受多种因素的影响，其中包括居民经济整体实力水平的提升、居住方式和生活行为的改变、居民收入水平和购买能力的提高，以及生活能源供应结构的调整、各种生活用能设备社会保有量变化和新型节能技术在各种生活用能设备中的推广应用等①。

1）能源消费构成影响

上海市能源消费品种繁多，包括煤炭、焦炭、天然气、液化石油气、煤气、电力、热力、油品等不可再生能源及地热能、太阳能等可再生能源。从消耗能源品种来看，电力、液化石油气、天然气等优质能源消费在建筑及家庭生活使用中的比例比较有限，新能源和可再生能源作为建筑及生活能源消耗的有益补充，其普及大规模采用仍具有技术上的障碍，建筑中能源消费构成与使用结构对整个城市能源利用效率的提高、建筑及生活上碳排放量的降低具有一定的影响。

2）政策环境导向因素的影响

过去几年，上海逐渐加大建筑的节能政策《公共建筑节能设计标准》的执行，上海地区《居住建筑节能设计标准》即将出台。原建设部2007年通过的《绿色建筑评价标准》从不同的方面对居住建筑进行了评价，内容包

---

① 上海市政协课题组．上海市建筑节能的现状及对策研究．上海蓝皮书——上海资源环境报告，2009．上海：科学文献出版社，2009：174－177.

括了建筑的节能、节地、节材和节水措施及评价方法。新建住宅区中，上海市去年几个新城区已经明确在土地的招拍挂中，建筑节能作为规划设计的附加条件，建筑在竣工验收时必须达到一定的节能标准，否则不予验收。以上相关措施对建筑的能源节约及单位建筑面积的 CO_2 排放量的减小起到了一定促进作用。

3）生活质量改善因素的影响

人民生活水平决定和影响着能源及各项物质设施的需求。民用建筑能源的规模是制约生活水平的主要物质基础之一。城市经济发展、人们收入水平的提高总是伴随着能源需求量的增大。当前，中国城市居民的人均能耗与国外发达国家仍有很大的差距，从当前发达国家居住建筑年能耗水平也可以看出，随着人们富裕化水平的不断提高，生活水平及生活质量的改善对能源的需求量不断增大。

4）建筑规模增大

居住建筑面积不仅反映城市建筑的规模，同时也间接反映生活能源消费水平。伴随城市化水平的不断提高，未来上海在城市化发展及人口聚集方面发挥着中心城市的作用，居住建筑面积每年以 2000 万 m^2 的速度增加，城市建筑用地向外围不断扩展，相应的公共服务设施及配套建设规模也相应增大，加大了生活成本及能源消耗，成为生活能源消费增长的决定因素。

5.3　上海发展低碳建筑的目标及对策措施

5.3.1　未来目标

1. 情景模式分析方法应用

上海发展低碳建筑的未来目标以模型二为基础，运用三种情景模式分析方法，以建筑规模及单位建筑面积的能耗作为影响因素进行分析，以过去几年的平均发展速度作为未来的惯性情景；以 2020 年峰值状态时达到 2007 年建筑使用中 CO_2 排放量的 1.5 倍作为适宜情景；以 2007 年排放相等的情景作为低碳情景。

2. 战略目标确定

根据上述论证，2000～2007 年居住建筑由 20865 万 m^2 增长到 43283 万 m^2，平均年增幅为 10.9%。2000～2007 年公共建筑由 13341 万 m^2 增长到 31590 万 m^2，平均年增幅为 13.1%。假设未来增长率保持目前情景，平均取值12%。未来CO_2排放情景分析包含三种模式：一是惯性情景，二是相对脱钩情景（适宜情景），三是绝对脱钩情景（低碳情景）。

惯性情景：上海未来几年建筑面积年增长率平均保持12%的稳定增长，单位面积能源消耗增长0.5%，可再生能源利用率维持在每年0.1%的增长比例，到2020年，上海建筑CO_2排放总量为2007年的3.56倍，CO_2排放将达到14400万t左右。

适宜情景：上海未来几年建筑面积年增长率保持12%的稳定增长，单位建筑面积能源消耗年下降8.7%，可再生能源利用率维持在每年0.1%的增长比例，到2020年，建筑CO_2排放总量为2007年的1.5倍时，建筑CO_2排放量达到6000万t左右，比惯性发展情景减少7200万t左右。

低碳情景：上海未来几年居住面积年增长率保持12%的稳定增长，单位居住面积能源消耗年下降11.9%，可再生能源利用率维持在每年0.1%的增长比例，2020年，居住建筑CO_2排放总量与2007年持平（表5-7）。

上海建筑未来不同阶段CO_2排放情景分析 **表5-7**

	年份与CO_2排放量增加倍数		建筑面积年增长率（%）	单位面积能耗减小率（%）	CO_2排放年增长率（%）	可再生能源利用年增长率
惯性情景	2012	1.63	12%	1.74%	10.26%	0.1%
	2015	2.18				
	2020	3.56				
相对脱钩	2012	1.17	12%	8.7%	3.2%	0.1%
	2015	1.29				
	2020	1.5				
绝对脱钩	2020	1（2007年相等）	12%	11.9%	0	0.1%

注：2007年上海建筑CO_2排放总量为3857.51万t。

5.3.2 对策措施

根据适宜情景目标及减排量，城市生活低碳化的策略首先是在生活模式和消费观念上进行积极引导，包括城市生活节能化、开发模式生态化、产品使用节能化及生活消费公共化，从可再生能源利用、提高能效及碳汇措施上加强低碳建筑的开发、利用与普及（图5-14）。

1. 建筑使用低碳化

生活方式低碳化首先在于建筑使用中节能，在生活模式和消费观念上进行

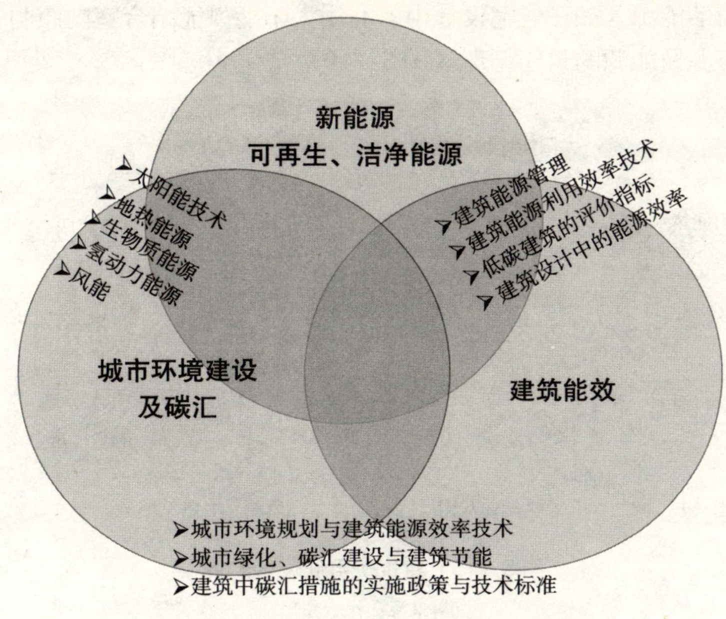

图 5－14　低碳模式下可持续发展建筑策略

积极引导，使人对舒适性需求的满足与建筑使用中的节能减排结合起来，对冬夏季室内温度进行控制与调节，尤其是在公共建筑中，使人的舒适性与节能需求达到综合平衡。例如，如果夏天把空调设定温度调高 1℃，并不影响人的舒适性，然而仅此一项，全市 480 万户家庭每天可减少约 24 万 kW 左右的用电负荷；如果每天将白天不用的电器插头全部拔掉，全市可再减少 7. 5 万 kW 左右的用电负荷。2007 年 7 月 3 日国务院法制办全文公布征求意见的《民用建筑节能条例（草案）》规定，国家对使用空调采暖、制冷的公共建筑实行室内温度控制制度。除特殊用途外，夏季室内空调温度设置不得低于 26℃，冬季室内空调温度设置不得高于 20℃。这些措施的实施从法规规范的角度对低碳生活进行限制。

其次，在家用电器产品的使用上，鼓励居民利用高效空调、照明及节能家电。上海近期在家电产品使用上推行以旧换新及购买节能家电进行消费者补贴政策，推广节能家电，从政策上保障了节能家电的普及。从对建筑及家用电器的态度上，改变习惯及思维方式，从传统上对产品的拥有转向以使用为目标，对财富的衡量以福利为标准，而非对物品拥有的多少；同时调整生活能源消费结构，提高可再生能源在生活消费中的比例，利用太阳能、风能、地冷及地热等可再生清洁能源，如在住宅设计中，利用太阳能风能结合室内照明设计，满足建筑内资源及能源的封闭循环（图5-15）。

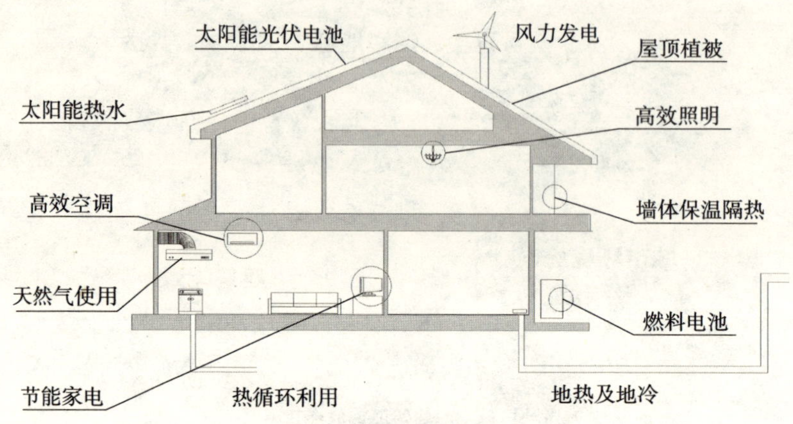

图5-15　建筑使用低碳化策略

资料来源：作者整理

最后，在建筑设计理念上结合气候进行设计，减少建筑运行过程中对电能的消耗，加强可再生能源与建筑一体化设计，摆脱传统上单一化的设计方法及纯粹美学上的思维方式，使碳汇作为建筑立面造型及平面构成的手段，客观分析不同类型绿化及植被的吸碳能力。

2. 开发模式生态化

强化生态化的开发模式，首先要逐步完善旧建筑节能改造，按照目标及要求，到2020年新建筑的节能率相对于2007年要实现降低50%的目标。以上海每年2000多万 m^2 的住宅开发量来讲，单位居住面积的电能标准控制在年15kWh以下，单位居住面积 CO_2 排放量要控制到年19kg以下。

其次，在建筑产品开发建造中，应加强节能材料的使用，增强冬季建筑保温措施，并满足夏季隔热及遮阳的要求；在居住区建设中，应逐步实现绿色化，加强环境整治力度，住区环境的改善有助于改善微气候条件，将为减少夏季能耗起到良好的促进作用。在住宅的设计管理中，应逐步开展居住建筑的绿色评估体系及绿色标签制度，对于节能达到或超过标准要求时可进行容积率补偿，减免税收及配套费等措施。

第三，加强地下空间建设，结合城市地下物流系统，形成地上地下建筑及交通一体化系统，既有利于节能减排，同时又有利于 CO_2 的收集。

3. 建筑节能法规化

据研究，在建筑太阳能利用上，上海建筑面积约 7.5 亿 m^2，1 亿～1.5 亿 m^2 屋顶，如果半数屋顶全部采用太阳能光伏发电，按照当前技术水平，屋顶太阳能发电规模就至少达到 1000 万～1500 万 kW，年发电量超过 100 亿～150 亿 kWh，上海 2007 年居民生活用电量 131.12 亿 kWh，基本满足上海家庭生活的年能耗量，每年就减少 1000 万～1500 万 tCO_2 排放，如果全部屋顶采用太阳能，太阳能可达到上海目前总能源消耗的 10% 左右。

在家用电器、取暖设备及能源传输系统方面，制定严格的硬件设施标准。制定新的符合当前需求的建筑规范。从城市基础设施规划上，合理规划城市供能及供电方式，统筹供能系统，加大热电联基础设施建设。从政策法规上形成调整用能单位的外部强制机制，逐步建立完善的《节能法》配套法规、标准体系，并将能耗指标纳入经济社会发展综合标价和年度考核体系。尽快制定节能项目和产品的税收减免政策、节能投资优惠政策，支持节能基建、技术改革以及新技术、新工艺、新设备、新材料的示范推广，逐步从全方位多角度推动绿色建筑的推广，开展建筑节能工作的进行。

4. 城市生活公共化

高消费的生活方式与欧美发达国家所提倡的高消费生活方式有关，然而随着中国经济水平的提高，对高质量生活方式的追求使奢侈品的使用及拥有得到快速发展。所以在物质层面上，中国应不断转变思维观念，从物质主义的消费方式向功能主义的消费方式进行转变，实现人民福利水平从传统现代化向低碳消费模式进行革新。低碳消费是要引导消费者更加关注产品和服务的使用价值，通过低碳消费能力的培养，转变传统消费价值观和消费文化，鼓励绿色消费。由此，生活消费方式公共化表现为公共服务的均等化和四种以功能为中心的消费方式，即个人拥有的模式、个人租用的模式、集体租用的模式、集体拥有的模式。生活方式公共化加强个人租用及集体租用模式，适当发展集体拥有模式，控制个人对物品的占有，减小私人物品的使用对城市空间资源占有不同造成一定的社会不公，可以提高全社会的服务水平，消除贫富差距，化解社会分层，减小社会隔离。上海近几年发展家电及交通设施等租赁市场，从社会服务层面上保证了不再把获得物质产品作为衡量富裕的手段，而是以持续获得高质量的产品服务作为生活的必要标准，这种新的价值观念将成为低物质消耗达到人类追求高福利生活模式的决定力量，奠定了向服务经济转型的产业基础（图 5－16）。

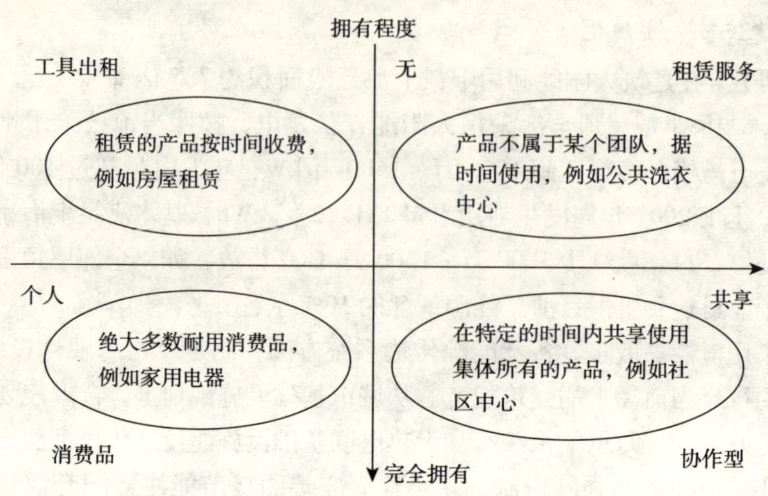

图 5－16　以功能为中心的四种消费模式

资料来源：诸大建教授讲稿

本章小结

本文首先从理论上确定低碳建筑的内涵及模型。其次，通过对上海城市2000～2007年建筑使用中的能源消费及碳排放现状进行分析，分别计算居住建筑与公共建筑的电力及热力消耗的碳排放量，以及各自在碳排放中的比重及特点；研究发现，上海建筑碳排放占城市总碳排放的16.12%，且比例近几年在不断上升，其中居住建筑碳排放2007年达到1635.61万t，公共建筑为2221.90万t。第三，对目前现状的原因及影响因素进行分析总结，分析未来的发展趋势，找出建筑碳排放的制约因素及影响条件，包括能源消费结构、政策环境导向、生活质量改善及建筑建设的规模。第四，按照目前发展模式及改进模式状态，根据建筑碳排放的影响因素，在模型二基础上进行变换，增加建筑规模及单位建筑面积的碳排量指标，探索上海未来十年内不同阶段的建筑使用中碳排放的情景，按照惯性发展、适宜情景，也就是1.5～2倍战略情景，以及低碳情景制定未来可能的战略目标。第五，针对上海发展低碳建筑的未来目标，低碳建筑内涵的把握与理解，结合上海实证研究结果，从建筑使用低碳化、开发模式生态化、节能措施法规化及生活方式公共化等方面确定低碳建筑发展的对策措施。

第6章
上海发展低碳交通的对策措施①

6.1 上海发展低碳交通研究的理论与方法

城市交通在城市总碳排放中占很大比例。低碳交通发展对未来低碳城市实践起到重要的支撑作用。本章立足于上海，对城市交通碳排放进行量化分析，找出潜在的问题及矛盾，同时通过交通结构分解，比较分析上海发展低碳交通存在的自身特点，为未来中国城市的低碳发展提供研究思路及行动路线。

对城市低碳交通的研究应首先确定研究内容及范畴，并确定量化工具及模型，才能针对现状进行研究，制定未来低碳发展的目标及对策措施。

6.1.1 低碳交通研究内容

城市低碳交通研究内容包括市内民用交通、对外客货运及市内公共交通。民用交通包括小汽车交通、其他小型车及小货车交通（图6-1）。本节主要立足上海，对城市交通总量、民用交通与公共交通碳排放现状、结构进行研究。原因在于：第一，对外货运交通涉及城市的产业构成，城市在区域经济发展中的定位，以及城市在区域经济发展中的作用；第二，城市交通能耗及碳排放逐年提高，其中很大一部分在于民用交通内小汽车交通排碳量的增长（表6-1），其中小货车及摩托车所占分量非常小；第三，从城市范围角度分析，如何通过一定的措施调控小汽车增长及公共交通碳排放平衡，是未来缓解城市交通碳排放的有力途径。

2007年上海交通运输 CO_2 排放总量及分类比较② 表6-1

分项	万 tCO_2	百分比
交通运输	4490.97	100%

① 陈飞，诸大建，许琨．城市低碳交通发展模型、现状问题及目标策略研究．城市规划学刊，2009（4）：29-33.

② 数据来源于上海决咨委课题“上海发展低碳经济的内涵、目标及对策措施研究”报告，及陈飞，诸大建．低碳城市研究的理论方法与上海实证分析．城市发展研究，2009（10）.

续表

分项		万 tCO_2	百分比
	公共交通	264.71	分别占5.89%
	民用交通	872.08	分别占19.42%
	对外交通	3354.18	分别占74.69%

资料来源：上海统计年鉴2008，上海工业能源交通统计年鉴2008及上海第三次综合交通调查总报告（2004），经作者整理

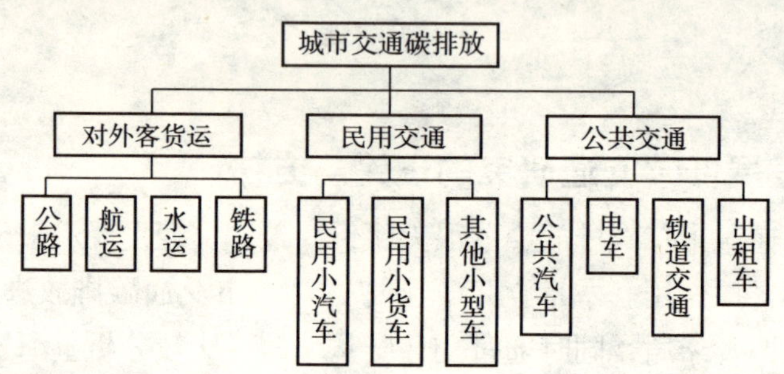

图6－1　研究内容及结构

6.1.2　低碳交通发展模型

城市低碳交通模型为交通碳排放的定量化研究奠定基础，城市交通方面的碳排放仍然采用能耗折算方法，即不同的能源使用具有不同的碳排放折算系数K，表述为：交通CO_2排放量＝$\sum_{i=1}^{n} K_i E_i$。

其次，对于未来低碳交通发展目标的预测，应首先确定制约交通碳排放的几大影响因素，借助于低碳城市模型确定的理论与方法，根据交通低碳发展的自身特点进行修正，低碳城市模型表述为①：

$$CO_2\text{排放量} = P \times \frac{GDP}{P} \times \frac{E}{GDP} \times \frac{CO_2}{E}$$

依据上海交通发展状况的实证分析，民用小汽车交通碳排放量受以下几大因素的影响：民用小汽车数量、行驶里程及技术水平，人们出行里程及小汽车出行比例。其中最主要的影响因素在于小汽车数量增长。所以针对民用小汽车CO_2排放量计算，通过对以上模型变换，引入交通CO_2排放基本模型：即CO_2民用小汽车交通排放量＝民用小汽车数量×（小汽车行驶里程/民用小汽车数

①　中国科学院可持续发展战略研究组．2009中国可持续发展报告：探索中国特色的低碳道路．北京：科学出版社，2009：67.

量）×（能耗/民用小汽车行驶里程）×（CO_2 排放量/能耗）。

$$CO_2 = 民用小汽车数量 \times \frac{行驶里程}{小汽车数量} \times \frac{E}{行驶里程} \times \frac{CO_2}{E} \quad 低碳交通模型$$

E/行驶里程：单位里程小汽车能耗量。其数值取决于小汽车技术革新及小汽车排量的降低程度。

CO_2/E：系数 *K*，能源与 CO_2 排放强度指标；根据国际标准，每升汽油及每公里小汽车排放 CO_2 见表6－2①。

能源使用量与 CO_2 排放量之间的换算标准　　**表6－2**

1kWh 电能	0.86 kg
$1m^3$ 煤气	0.36kg
1L 汽油	2.31kg
1km 轨道交通及客车运输	0.049kg/km 人②
1km 长途客车运输	0.028kg/km 人
1km 公共汽车	0.82kg/km③
1km 飞行	0.3kg/km 人
1km 小汽车	0.2kg

注：表中 1kWh 电能 CO_2 折算系数通过上海能源结构进行分析，推导得出，发改委推荐指标为华东地区 0.8825；每公里公共汽车折算系数参考上海综合交通规划网 2007 年度报告数据；其余数据参照 Chris Goodall，How to Live a Low Carbon Live：The Individual's Guide to Stopping Climate Change［M］. London Sterling，VA，2007：76.

6.1.3　低碳交通目标确定

目标预测采用情景分析方法，通过上海2000年以来交通发展现状进行研究，利用民用交通发展利用模型二中几大影响因素在未来发展中的增长率，预测 CO_2 排放量在2020峰值年时的四种主要情景模式。四种情景中以现状发展的延续作为惯性发展情景，以惯性情景发展模式增长率的50%作为相对脱钩情景，两者之间作为当前发展较好情景，以基准年2007年相等

① Chris Goodall. How to Live a Low-Carbon Live：The Individual's Guide to Stopping Climate Change［M］. London Sterling，VA，2007：76.

② http：//www.china5e.com/eco/econews.aspx？newsid＝979ff9e0－47f8－4576－b504－4c789d1de35a&classid＝%u8282%u80fd%u51cf%u6392.

③ 2007年度上海城市交通管理局交通经济运行分析．http：//jjyxfx.moc.gov.cn/ShowNews.asp？ID＝289.

的 CO_2 排放量作为绝对脱钩情景①。根据2020年不同情景模式的预测，推导出达到目标状态时的民用汽车数量的年增长率控制指标，这将为策略的制定奠定量化基础。

公共交通、对外客货运交通及民用交通 CO_2 排放量三者相互影响制约，公共交通发展对总的交通碳排放的增长明显具有抑制作用，应大力提倡。公共交通及对外客货运在2020年的发展目标采用比较简便的计算方法，利用惯性情景、相对脱钩及绝对脱钩三种情景模式进行分析。

下文将依据上述工具及方法对上海发展低碳交通进行实证分析。

6.2 上海发展低碳交通的现状及问题

6.2.1 现状研究

上海目前总的交通碳排放及各类型所占的比例如何？存在哪些问题？民用交通的碳排放量及小汽车交通对城市碳排放总量具有多大的贡献率？下面将利用以上所述方法，通过上海总的交通 CO_2 排放量，上海民用交通 CO_2 排放量以及民用交通中小汽车交通 CO_2 排放量现状进行研究，分析低碳交通影响因素及现实问题，利用低碳交通发展模型预测未来目标，提出达到目标所要采取的对策措施②。

---

① 诸大建，臧曼丹，朱远．C模式：中国发展循环经济的战略选择．中国人口、资源与环境，2005（6）：8－12.

② 各类交通碳排放现状计算工具根据文中所述城市交通碳排放与能源使用的关系式：交通 CO_2 排放量 $= \sum_{i=1}^{n} K_i E_i$，其中：

城市总的交通碳排放量：数据来源于《上海工业能源交通统计年鉴2001～2008》，通过能源使用量与 CO_2 换算系数 K 折算出不同年份的碳排放总量.

民用交通碳排放：包括汽车、摩托车、农用运输车和拖拉机四大种类。其中，农用运输车和拖拉机数量占民用车辆总数不到1%。汽车又可分为载客和载货两大类，80%以上的载客汽车都是小型轿车.

K_1 为民用小客车每公里排放 CO_2 量（kg）；

K_2 为民用小货车每公里排放 CO_2 量（kg）；

E_1 为民用小客车年行驶公里（万km）；

E_2 为民用小货车年行驶公里（万km）；

K_1、K_2 数据来源见本文表2及表注，E_1、E_2 数据来源于《上海综合交通调查总报告2004》，《上海工业能源交通统计年鉴2001～2008》，《民用车辆拥有量及上海综合交通规划网2007年度报告》，经许琨整理资料而得。

1. 交通总碳排放

2000年，上海交通运输总 CO_2 排放量为1465.01万t，2007年为4490.97万t，分别占上海总的 CO_2 排放量的10.87%和18.77%（图6-2）。同比之下，北京2007年交通运输 CO_2 排放量为2059.94万t，天津为860.51万t，两地分别占上海城市交通运输 CO_2 排放量的45.8%和19.16%（图6-3）。造成这种差距的原因在于上海作为国际金融中心及航运中心的定位，大量的人流与物流加剧了上海对外交通负荷。

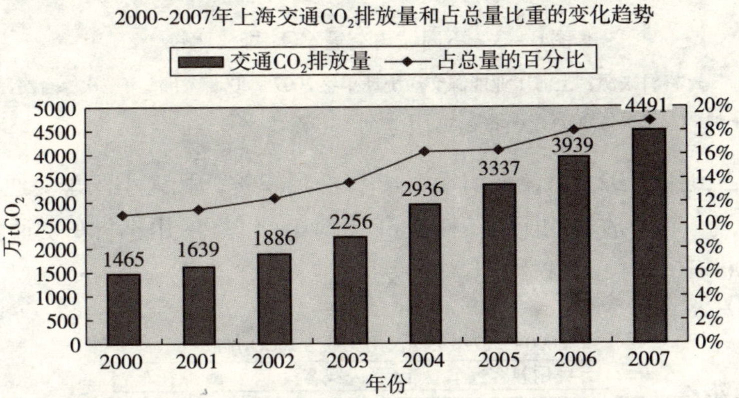

图6-2　上海交通 CO_2 排放及比例

资料来源：上海统计年鉴2001~2008，许琨整理

2. 民用交通碳排放

上海民用汽车数量发展迅速，2000年民用车拥有量为49.19万辆，总出行距离为98.75亿km；2007年超过百万辆，出行距离240.3亿km；CO_2 排放量从2000年的229.19万t增长到2007年的581.43万t，其中民用小汽车交通

（续前注）公共交通碳排放：包括公共气电车，轨道交通及出租车三大类型。

K_1 为公共电汽车每公里排放 CO_2 量（kg）；

K_2 为表轨道交通每列公里排放 CO_2 量（kg）；

K_3 为出租汽车每公里排放 CO_2 量（kg）；

E_1 代表公交电汽车全年行使总里程（万km）；

E_2 代表轨道交通年行使里程（万列km）；

E_3 代表出租汽车年运营里程（亿km）；

K_1、K_2、K_3 数据来源见本文表2及表注。E_1、E_2、E_3 基本数据来源《上海工业能源交通统计年鉴2001~2008》；《上海统计年鉴2001~2009》，经许琨整理资料。

对外客货运交通碳排放：数值为上海总交通碳排放减去公共交通及民用交通碳排放量。

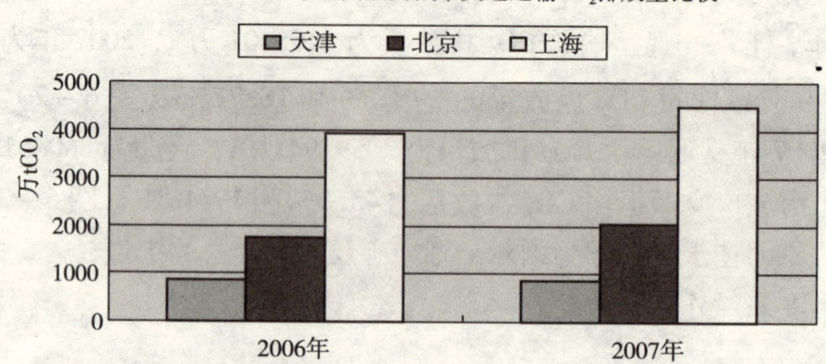

图6－3　不同城市交通 CO_2 排放比较

资料来源：上海工业能源交通统计年鉴2007～2008，上海第三次综合交通调查总报告2004；许琨整理，下图同

CO_2 排放占到419.02万t，平均年增长率为14.2%，私人小汽车交通碳排放量在民用小汽车碳排放中的比例不断升高（图6－4）。民用小货车交通 CO_2 排放也达到290万t左右，相对于小汽车发展相对缓慢。

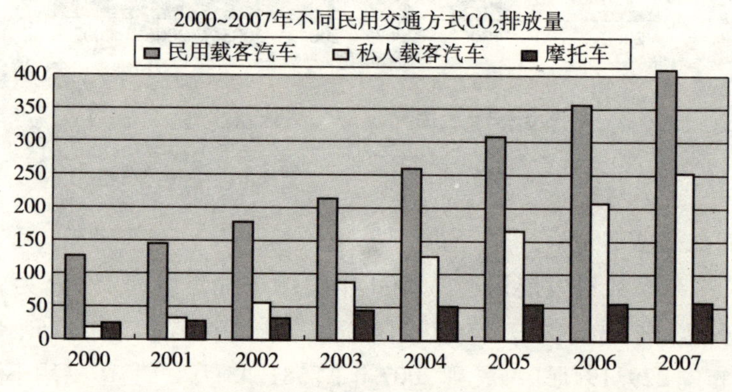

图6－4　上海民用交通与私人交通 CO_2 排放量比较

总体来看，上海民用交通 CO_2 排放比例在总交通碳排放比例呈倒U字形，2000年占14.9%，2004年达到最高，占交通总排放量的17.68%，2007年减小到12.93%（图6－5），下降速度较大，主要在于上海2003年以来对小汽车数量进行限制。随着上海每年GDP的增长，未来交通碳排放将不断上升，对外客货运需求造成的碳排放比例会随着经济增长的需求而不断增大。

3. 私人小汽车碳排放

按照上海交通大调查结果显示，2004年上海私人小汽车数量为31万辆，

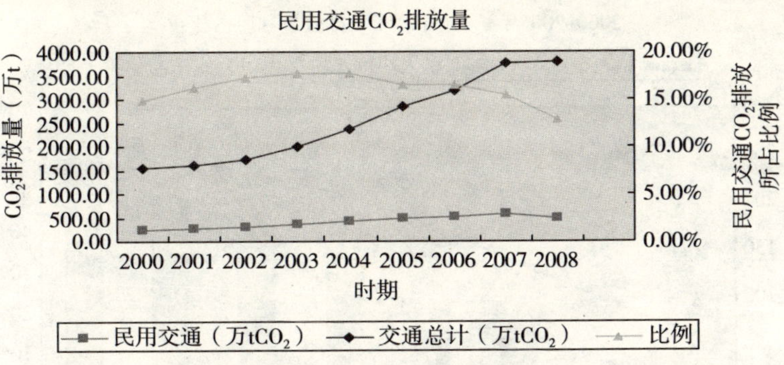

图 6－5　上海民用交通 CO_2 排放量及在总交通中所占比例

资料来源：上海工业能源交通统计年鉴 2001～2008，上海第三次综合交通调查总报告 2004，作者整理

私人小汽车全年出行总里程约为 526147.5 万 km，CO_2 排放量为 122 万 t 左右；2008 年私人小汽车数量增长超过 1 倍，达到 63 万辆，年平均增长 25%①。如果按照近几年小汽车的出行里程与距离折算，预计 2008 年交通 CO_2 排放量将达到 244 万 t 以上（表 6－3）。

2004 年上海社会客车出行特征分类统计　　**表 6－3**

	小客车	私人小客车
2004 小汽车数量（辆）	608888	310800
日平均行驶里程（km）	62.3	46.95

资料来源：上海第三次综合交通调查总报告 2004

在私人小汽车 CO_2 排放量增长率及所占交通中比例方面，私人小汽车年平均增长率高于民用汽车的 CO_2 排放年增长率。2000～2007 年，上海市私人小汽车 CO_2 排放量增长了十多倍。私人小汽车交通 CO_2 排放在民用交通 CO_2 排放中的比重在过去几年里也增加近三倍，2007 年达到 61.92%。这说明，私人小汽车的增长速度远高于民用汽车的年增长速度（图 6－6）。

4. 公共交通碳排放

首先，从总量上，上海统计年鉴关于交通的数据统计中，公共交通包括公共气电车、轨道交通及出租车交通，公共交通的年能耗量及碳排放未包含在民用交通中，而是独立单列。上海市公共交通 2000 年 CO_2 排放量为 178.95 万 t，

① 上海市第三次综合交通调查办公室．上海第三次综合交通调查总报告．2004：42－46.《上海工业能源交通统计年鉴 2001～2008》，表 3－5 民用车辆拥有量。

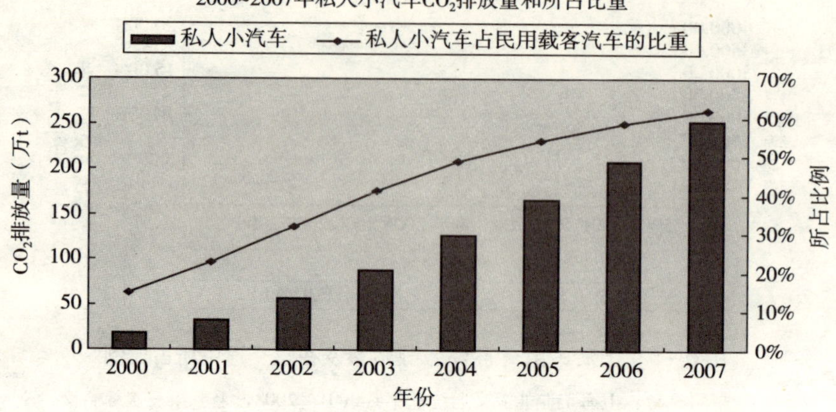

图6－6　上海私人小汽车 CO_2 排放量及在民用交通中的比例

资料来源：上海工业能源交通统计年鉴2001～2008，上海第三次综合交通调查总报告2004，许琨整理

2007年达到264.71万t，与同年私人小汽车排放量相近，平均年增长率5.8%。与私人小汽车交通碳排放年增长22.15%的发展趋势相比，公共交通近几年发展缓慢。在不同公共交通方式中，轨道交通碳排放所占比例较小，出租汽车与公共汽电车碳排放比例相当（图6－7）。

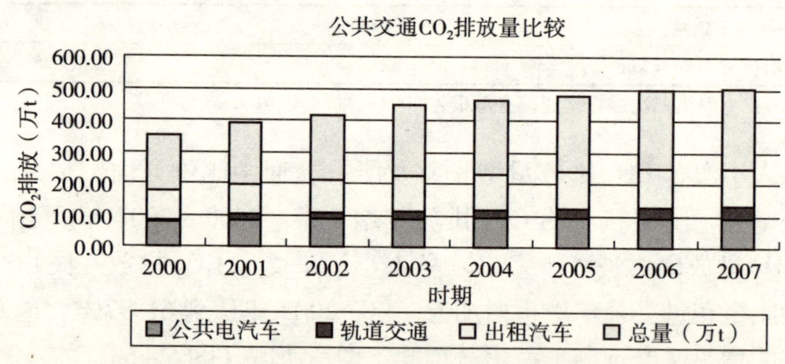

图6－7　上海市公共交通类型 CO_2 排放量比较

资料来源：上海第三次综合交通调查总报告2004，许琨整理

其次，从不同公共交通方式的人均碳排放比较分析上，上海市轨道交通、出租汽车和公共电汽车的人均 CO_2 排放量较少，尤其是轨道交通达到0.63kgCO_2/人次。公共电汽车为0.52kgCO_2/人次，出租车按照每辆1.7人载客辆计算，其中民用载客汽车（小汽车）人均 CO_2 排放量达到1.36kgCO_2/人次，是轨道交通的2倍，公共电汽车的4倍（图6－8）。

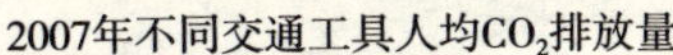

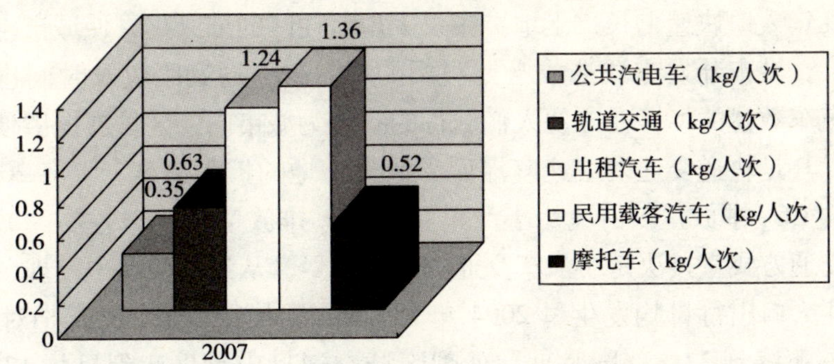

图 6－8　不同交通工具人均 CO_2 排放量

资料来源：上海第三次综合交通调查总报告 2004

人均不同交通方式 CO_2 排放量的数据大小除了与出行量有关外，还与人均每次出行平均里程有关。例如，每次出行乘用轨道交通的出行时耗为 70.1min；公共电汽车为 56min；私人小汽车为 40min①；如果按照相同的出行距离，人均小汽车出行 CO_2 排放量将远远大于轨道交通及公共电汽车。

5. 城市对外交通碳排放

城市对外交通从类型上包括对外客货运；从交通方式上包括航空、水运、铁路及公路交通。2007 年上海对外交通 3354.18 万 tCO_2 排放量占上海总的交通碳排放量的比例为 74.69%。相比之下，北京、天津等城市对外交通 CO_2 排放量在总的城市交通碳排放量中的比例远小于上海。

6.2.2　问题及制约因素分析

1. 交通方式与碳排放

交通运输 CO_2 排放量占上海总排放量的比例每年不断增加，2007 年达到 18.77%。随着生活水平的提高，私人交通需求增长将使民用交通碳排放总量继续增长；对外客货运交通碳排放主要与城市的生产结构、城市在区域空间结构中的等级确定有关，由于上海工业生产占据半数的能源消耗及作为国际航运中心的空间定位，未来对外客货运交通碳排放总量具有不断增长之势。预计到未来几年，工业对城市碳排放增长贡献率将会进一步下降，交通尤其是民用交通碳排放量将会从目前比例继续上升。

① 上海市第三次综合交通调查办公室．上海第三次综合交通调查总报告．2004：91－92.

2. 城市结构与碳排放

近几年人口快速增长，土地扩张，大型居住区的郊区化，使城市空间距离不断增大，城市开发方式造成土地利用的单一化，通勤距离及时间也相应增加，小汽车数量的增多在方便人们出行的同时为城市向郊区扩展提供便利，公共交通尤其是轨道交通发展速度滞后于城市土地的扩张速度。上海2007年公共交通的 CO_2 排放量仅占民用小汽车交通 CO_2 排放量的50%左右。城市空间距离及交通方式直接决定小汽车交通的碳排放量。从统计数字中发现，上海中心区常住人口出行日均发生量2004年为1360万人次，分布比重相对于1995年从39%下降到33%；同时期，外围区域交通日出行量达到日均1320万人次，分布比重相对于1995年从27%提高到32%①。由此可见，城市人口有向外围不断扩张之势。

3. 城市密度与碳排放

城市高密度带来对交通依赖性程度的降低及燃油消耗和尾气排放的减少，许多学者在研究中发现，城市密度与人均燃油量之间存在某种规律性的联系。密度最低、燃油最高城市集中在美国；密度高、燃油也高的城市是香港。美国城市是由于空间距离的增大造成交通能耗增加，香港是由于人口密度过高，而不得不依靠强大的交通系统作为支撑。所有观点一致认为，城市密度与交通出行密度呈高度正相关性，小汽车的行驶距离是造成差异的主要因素②。经过上海各区交通出行比例及出行密度实证分析，交通出行密度分布仍以距市中心距离的远近来划分。从各区交通出行密度调查中分析，2004年上海全市人员出行总量4100万人次/日，通勤出行量占到总出行量的50%，出行密度最高集中在黄浦区，平均2188人/hm^2，其次为静安区、卢湾区，虹口区名列第四，全市包括郊县平均62人/hm^2。从各区公交出行比例表明，中心城区的公交出行量平均接近30%，外围地区的公交出行占总出行比例不足10%（图6-9*a*）。以此看出，上海交通出行比例及密度仍以市中心人民广场的距离远近来划分等级，存在明显的下行凹曲线趋势（图6-9*b*）。距市中心距离越近，城市越紧凑，单位面积土地上人口出行密度越高，说明上海目前仍没有完全形成多中心组团式的城市格局，目前仍然以单一城市中心人民广场的空间距离来分配交通量。所以，未来开发的战略及政

---

① 上海市第三次综合交通调查办公室．上海第三次综合交通调查总报告．2004：63.

② ［英］迈克·詹克斯，伊丽莎白·伯顿．紧缩城市：一种可持续发展的城市形态．周玉鹏，龙洋，楚先锋译．北京：中国建筑工业出版社，2004：24-25.

策重心应向 1 个中心、9 个新城及 64 个新市镇发展，形成层次等级分明的城镇空间结构。

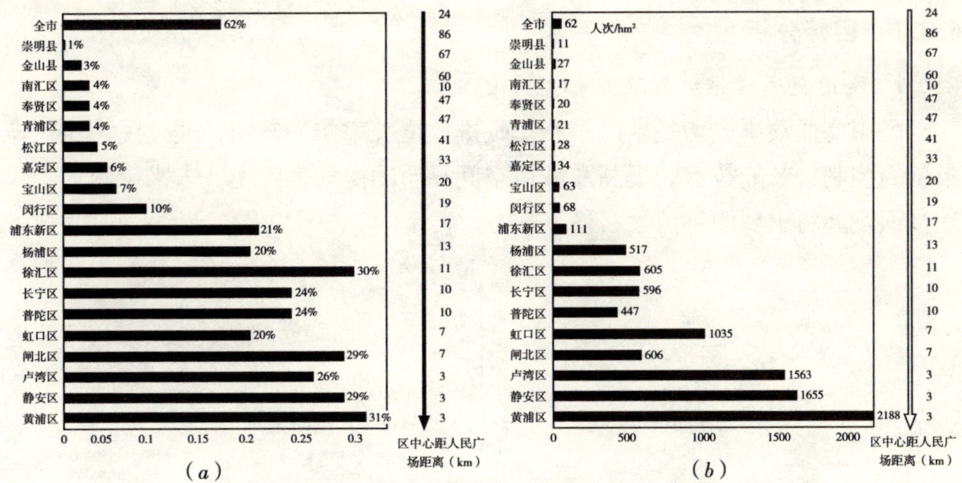

图 6－9　上海不同区域公共交通比重及出行密度分布

（*a*）各区常住人口公共交通比重；（*b*）出行密度区域分布

资料来源：上海第三次综合交通调查报告（2004）

4. 交通拥堵与碳排放

交通的通达度除了受距离的影响，还受到交通时耗的决定。小汽车交通时耗取决于交通堵塞的程度及单位时间内通过道路断面上的车流量。车辆增多超出城市道路空间的承受极限，造成城市交通拥堵、能耗的增加。据研究，拥挤状况下的燃油消耗将比正常行驶状况下高出 10% 左右。单中心城市空间结构发展模式下造成的交通拥堵比多中心组团式城市中的交通拥堵现象要严重得多。传统城市发展理念下增加道路通行宽度的方法无法跟上交通负荷增长的速度，并造成更多的汽车驶入，带来更多的 CO_2 排放。通过上述现状研究发现，轨道交通是缓解交通拥堵造成 CO_2 排放量的重要措施。轨道交通在相同时间内解决同等人次的交通量条件下，排放更少的 CO_2，所以上海未来仍需大力发展轨道交通。

6.3　上海发展低碳交通的目标与对策措施

根据低碳交通模型及情景分析方法在目标预测中的应用，进一步了解城市发展低碳交通的不同措施及所形成的几种可能情景，相对脱钩情景

CO_2 排放为惯性发展模式的 50%，绝对脱钩情景相对于 2007 年碳排放量为零增长①。

6.3.1 目标分析

1. 民用交通碳排放发展目标

民用交通碳排放增长率以小汽车碳排放增长率作为参照，通过民用小汽车数量的控制，节能技术的提高及城市空间品质的提升来实现，未来十年城市民用交通发展将出现四种情景（图 6-10，表 6-4）：

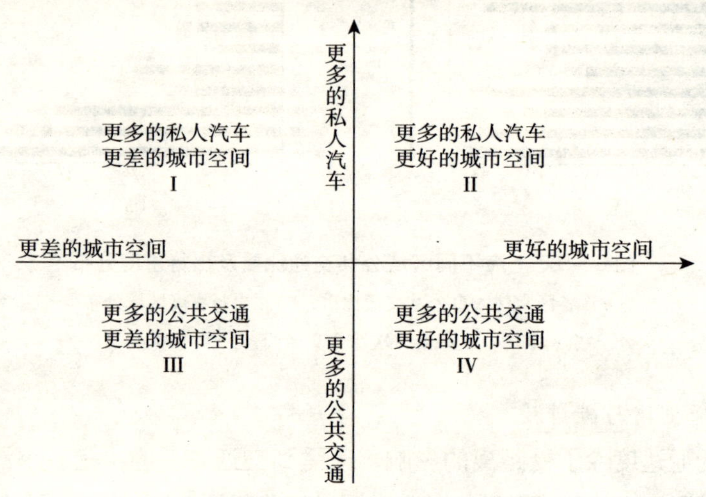

图 6-10　民用汽车发展的四种情景模式

资料来源：诸大建教授讲稿

民用交通低碳发展目标情景　　表 6-4

	2020 年 CO_2 排放量（2007 年等于 1）	民用小汽车保有量增长率	单位汽车驶距离增长率	每公里耗油量减小率	CO_2 排放年增长率	CO_2 年增率与惯性情景年增长率比
惯性情景	9.30	17.18%	1.8%	-0.27%	18.71%	1
较好情景	5.51	12.5%	1.8%	-0.27%	14.03%	0.75
相对脱钩情景	3.20	7.82%	1.8%	-0.27%	9.36%	0.5
绝对脱钩情景	1	-1.53%	1.8%	-0.27%	0	0

① 陈飞，诸大建．低碳城市研究的内涵、模型与目标策略确定．城市规划学刊，2009（4）：7-13.

情景一：更多的私人汽车（惯性发展情景）

2007年，民用小汽车的数量超过100万辆，2000～2007年，每辆小汽车行驶公里数平均以年1.8%的速度增长，2004年以来，汽车技术的提高及小排量汽车的推广，耗油量仍以当前每年平均0.27%的速度下降。假如按照现有的汽车技术水平增长率，能耗降幅维持现有水平，公共交通及非机动车交通保持目前发展速度，没有大幅度的提高。惯性发展状况下，民用小汽车拥有量仍保持以目前的17.18%的速度增长，CO_2年增长率保持18.71%，到2020年，上海小汽车数量将是2007年的8.4倍。小汽车交通带来的CO_2排放量也将达到将近4000万t，是现阶段的9.3倍左右，相当于2005年上海总的交通运输带来的CO_2排放量。

情景二：更好的私人汽车（发展情景）

仍然不断地进行技术改造，保持小汽车使用不断的轻型化、节能化，每辆小汽车年耗油量不断降低。CO_2排放增长率仅维持在目前年增长率3/4的水平，达到14.03%，小汽车控制量应达到年不超过12.5%的增长速度，到2020年，上海民用交通CO_2排放量将为2007年5.51倍，属于发展情景。

情景三：更好的公共交通（相对脱钩情景）

以上两种情景前提之一是上海公共交通仍保持目前的发展速度，没有出现大的调整。如果未来城市建立完善的公交系统，网络发达，换乘便捷，舒适安全，并以8%的年增长率增加，同时吸纳足够的人流量，2020年公共交通带来的180万t的CO_2额外增量将抵消满足同等交通条件下依靠小汽车交通带来的750万t的CO_2排放增量。仅这一项的节约就超出了2007年全年民用载客汽车的CO_2排放量总和还要多，2020年民用交通碳排放量将为2007年的3.2倍，达到相对脱钩情景。

情景四：更好的城市空间（绝对脱钩情景）

未来十年，中国城市建设沿着紧凑式发展的思路，形成多中心组团式结构，公共交通以每年10%的速度增长，并全部抵消小汽车所分散人流量，每个组团形成以公交为导向的混合土地开发的模式，住区内以步行及自行车交通为主；社区与外界的交通方式通过公共交通、地铁或火车来实现，城市能够留出大量的公共开敞空间及绿化空间，这种理想模式下，2020年用于民用交通的能源消耗及碳排放将基本与2000年持平或略有升幅，达到绝对脱钩情景（图6－11）。

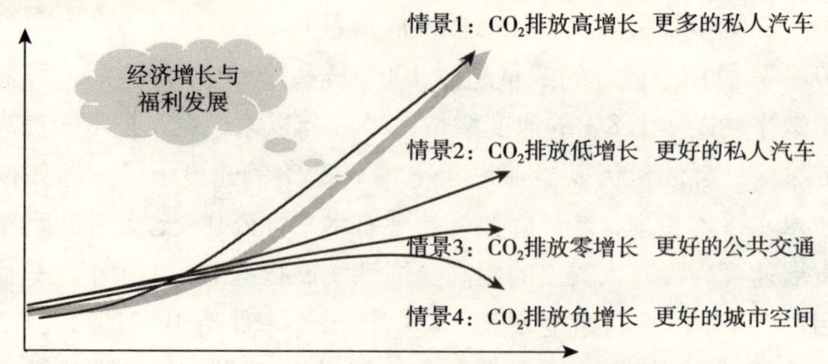

图6－11　低碳交通发展的四种情景模式

资料来源：诸大建教授讲稿

2. 公共交通碳排放发展目标

惯性情景：根据现状分析，上海市公共交通 CO_2 排放量年增长率为 5.8%，未来仍保持目前惯性发展模式下，2020 年公共交通 CO_2 排放量将达到 2007 年的 2.1 倍，总量达到 500 万 t 左右。

相对脱钩情景：假如未来公共交通年增长率提高到 8% 的水平，2020 年公共交通 CO_2 排放量将达到 2007 年的 2.7 倍，总量达到 680 万 t，然而多出的 180 万 t 将会抵消纯粹依靠小汽车交通带来的 750 万 t 的 CO_2 排放，属于相对脱钩情景模式。

绝对脱钩情景：假如未来公共交通年增长率提高到 10% 的水平，2020 年公共交通 CO_2 排放量将达到 2007 年的 3.45 倍，总量达到 860 万 t，比惯性情景多出的 360 万 tCO_2 排放量将抵消掉目前发展情景下小汽车交通带来的 1500 万 t 的 CO_2 排放，净减排 1140 万 t，是保证未来民用交通实现绝对脱钩的必要前提。

3. 城市对外交通碳排放发展目标

城市对外客货运交通受城市产业结构、生产加工行业的发展定位、区域产业的集约化生产程度及区域空间结构层面的紧凑化程度影响，未来发展与工业生产总值指标具有高度的正相关性。

惯性情景模式：2000 年对外交通运输 CO_2 排放量为 851.32 万 t，2007 年达到 3354.19 万 t，年平均增长速度为 21.67%。未来保持目前发展速度，产业没有出现大的结构调整，生产所需能源利用结构保持目前水平，十年后对外交通 CO_2 排放量将达到 2.4 亿 t，是 2007 年的 7 倍多。

相对脱钩情景模式：保持社会生活及工业生产正常进行，产业结构及能源结构不断升级，单位能源效率不断提高，按照中国发展 C 模式理论，以对外交通运输年增长率减小 50% 的目标作为相对脱钩情景，2020 年对外交通 CO_2 排放量达到 6879.22 万 t，是 2007 年的 2.05 倍。

绝对脱钩情景模式：未来城市空间发展紧凑化，不同产业发展梯度化，服务水平集约化，通信设施不断完善，并加强可再生能源替补措施，2020 年对外交通 CO_2 排放量将与 2007 年标准持平。

6.3.2 上海发展低碳交通的对策措施

针对低碳交通发展控制需求及碳排放的目标预测，结合现状问题，制定低碳交通发展的对策措施。对策措施包括城市物质要素及城市治理与政策实施两大方面。

1. 紧凑化的城市空间

根据城市发展紧凑空间的要求及发展阶段，从城市物质空间结构及规模方面，加强紧凑化城市设计、城市街道空间的尺度控制及大规模发展混合功能社区，降低出行依靠小汽车使用的可能性。

城市空间紧凑化按照城市结构尺度及规模体现在不同的空间层面上，分别为都市区域层面、城市空间层面、社区空间层面及组团空间层面等四个纬度。在都市区域空间层面，通过合理的城镇空间布局、产业结构组织及基础设施的合理安排，引导城市各类要素向城镇空间集聚，形成区域性空间等级与层次的空间格局，形成不同等级城市间横向联系的网状格局①（图 6-12）。区域空间结构的低密度造成高速公路里程的增加，加大了交通运输距离及基础设施、城市供暖、电力输送的物质消耗。

在城市空间层面，积极引导城市各项功能的合理分区，避免城市规模过度扩张和功能的单一化，在竖向上形成中心城—新城—新市镇—中心村功能互补的都市区空间格局。未来上海将形成层次等级分明的城镇群，城镇内完成生产、服务、生活及休闲等多样功能，发挥城镇空间层面的聚集作用（图 6-13）。

在社区空间层面，强调混合使用和适度高密度社区开发的策略导致人们居住在更靠近工作地和日常生活设施的区域。不同的社区组团依靠公共交通或轨道交通联系，打破传统方式上的功能分区，减小小汽车使用，发挥城市区域的

① 诸大建. 生态文明与绿色发展. 上海：上海人民出版社，2008：227-232.

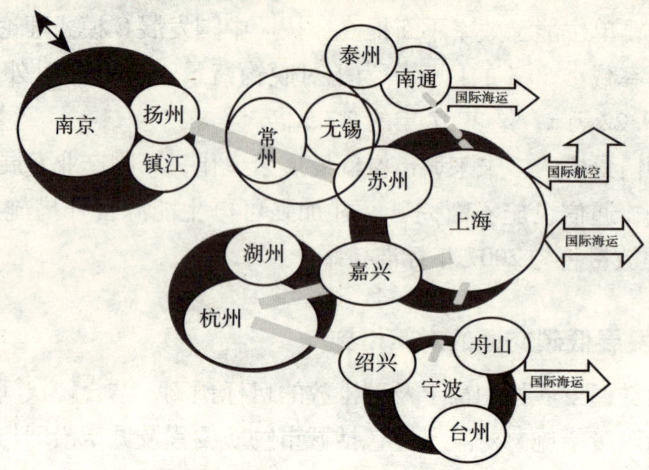

图6-12　长三角区域空间紧凑化模式

资料来源：诸大建教授讲稿

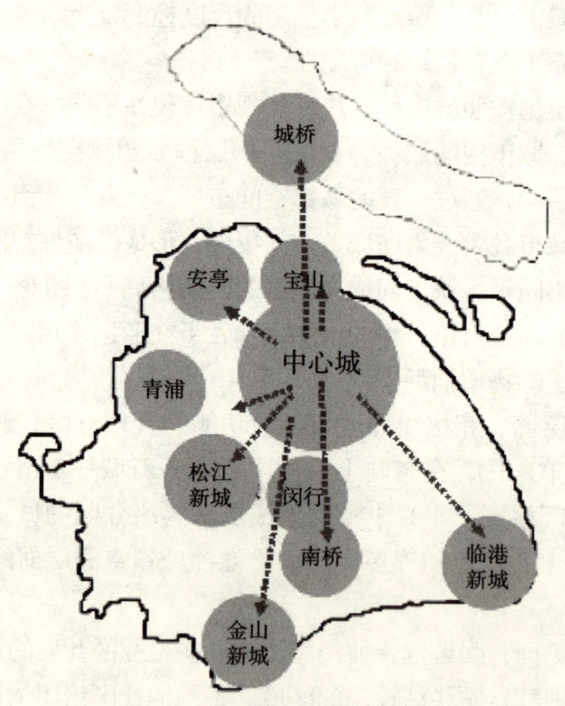

图6-13　区域及都市空间层面紧凑化

资料来源：作者根据上海市总体规划绘制

地缘优势，合理控制建设用地的规模、建筑密度及城市建设各项指标，提高土地等资源的开发利用效率，根据城市化进程，引导社区建设从外延式向内涵式发展模式转变，保持高密度紧凑化发展与混合功能的新型社区建设，并向三维城市发展（图6-14）[①]。上海目前在加强混合社区建设方面作了很多努力，不同的社区组团依靠公共交通，打破传统方式上的功能分区，许多居住区兼作办公使用，减小小汽车使用，发挥了城市区域的地缘优势。例如，目前围绕同济大学区块初步形成了具有大学园区特征的混合社区功能体。

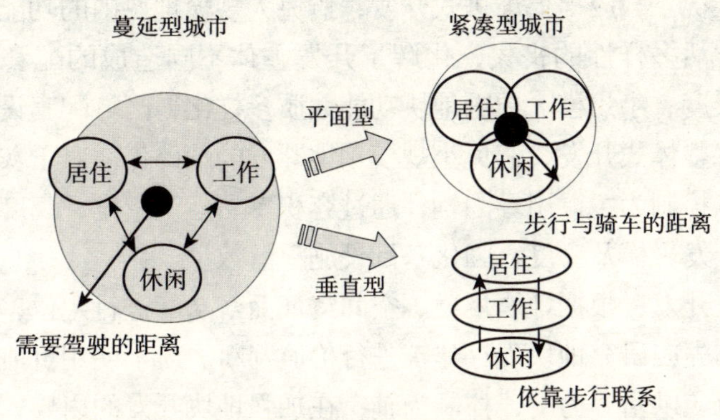

图6-14 社区-组团空间层面紧凑化

资料来源：诸大建教授讲稿

2. 填充化的开发模式

城市发展模式受城市发展结构的影响而表现出一定的形态关系，城市结构及蔓延模式是决定不同层面城市紧凑化的关键要素。当代城市“蛙跳式”扩张需求及相应的土地开发模式加剧了城市蔓延的程度，为城市留下大量的“灰色”（Grayfield，城市中没有被开发的零星地块）和“褐色”（Brownfield，城市中已被开发，然而没有充分使用的废弃地块）地块[②]。如何根据目前中国城市特点，在未来城发展中进行填充式开发，是保证城市土地利用紧凑与高效的重要影响因素。根据地块性质，按照开发进度阶段可划分为整体式及渐进式开发，按照开发主体差异可分为控制性及引导性，结合城市填充式开发的对象形成城市生态性开发模式矩阵（表6-5）。

① 吴志强．超越石油的城市．北京：中国建筑工业出版社，2009：36-40.

② ［美］罗莎琳德·格林斯坦，耶西姆·松古-埃耶尔马兹．循环城市：城市土地利用与再利用．丁成日，周扬，孙芮，等译．北京：商务印书馆，2007：1-5.

生态性开发模式矩阵　　表6-5

	灰色地块（新建）	褐色地块（改建）
整体与渐进	地块规模、周围环境、配套设施	地块规模、空间特征、功能定位
控制与引导	容积率、开发密度、面积控制、用地使用性质、基础设施配置	容积率补偿、税收、奖励控制措施、防治破坏

灰色地块开发：城市中灰色地块应根据地块规模大小，周围用地性质及配套设施情况采用相应的开发策略；大规模、周围地块功能单一，同时区域配套设施不完善状况下，应提倡渐进式开发，避免大规模地块内的功能单一化造成的城市区域生活多样性的丧失，化解了开发主体不同造成的配套设施重复建设。对于小尺度、小规模、周围地块功能性质多样化，区域配套设施完善的状况下，应提倡整体式开发，避免小规模用地开发的琐碎化。对于灰色地块的开发，政府应以控制为主，引导为辅，通过容积率、建筑密度、高度、地块性质来控制区域开发规模及密度，强化基础设施配置数量。

褐色地块开发：根据地块规模、空间特征而对功能进行定位，同灰色地块开发不同，首先应研究地块现存建筑进行价值判断。对于使用价值及文化价值的区域，政府应以引导为主，控制为辅，在加强地块开发的引导，通过补偿性手段及奖励措施来引导开发商进行投资改造的同时，防止由于改造造成的景观环境及历史文化价值的破坏；对于有使用价值而无文化价值的褐色区域，应进行一定的功能置换；对于有文化价值而无使用价值的褐色区域，在保留城市记忆的同时，引导向区域向城市公共空间及休闲绿地广场发展。

以上海为例，上海的中心城市褐色地块表现为传统里弄建筑以及工业文明的延续、保留与发展。在文化保护、恢复城市记忆的理念指导下，传统里弄街区的人口结构及就业结构发生了转变，房价的不断攀升使城市住房不断郊区化，新建小区的各项配套设施需要及时跟进，上海原有居民不断迁出，传统街区中的人口结构也在不断变化，大量的拆迁使街区的功能走向单一化、陌生化。外来人口的迁入改变了社区原有的同质性及认同感，社区的社会凝聚力不断地下降，白天的繁华与夜晚的萧瑟形成极大反差。

在这种状况下，褐色地块的填充式开发模式得到执行，分阶段进行土地开发与功能置换。在具体实施中，在保留传统街区历史文脉的同时，通过对老城区建筑进行价值评判（评判标准包括使用价值、文化价值、历史价值的挖掘），有针对性地采取不同的改造措施（表6-6），保持中心城区的活力及生活凝聚力。

传统街区价值评判与改造策略　　表 6－6

	有文化或历史价值	无文化或历史价值
有使用价值	原样保留	改造，功能置换
无使用价值	城市更新，记忆保留	拆除

3. 宜人化的城市环境

宜人化城市环境氛围的营造增加人步行上下班及购物在总出行中的比重。据统计，上海常住人口各种交通方式出行比例中，步行在 30min 以内的出行率占到总步行出行的 86.3%①。由此，城市规划设计中可以 30min 步行出行空间为界限，形成居住、购物及工作的社区组团。区域内，通过道路铺装、小品塑造及绿化装点改善步行空间，加强城市空间的环境品质，减小机动车及各种道路噪声干扰的强度，加强城市开敞空间及便民步道的建设，增加同时间、同距离下人们出行选择步行的可能性。建立以人为本的城市交通理念和公平、公正的和谐环境。

4. 公共化的交通都市

交通方式选择与城市居民生活方式有关，中国人出行乘用自行车或步行的比例高达 65%，选用小汽车出行仅占总出行的 19%，远远低于美国及欧洲国家②。

公交城市是针对小汽车的高速发展造成的郊区化发展趋势、城市中心交通拥堵、污染及能耗增加等现实问题的回应。理论内涵包括：第一，适应性城市；建立以公共交通为导向的城市发展模式，以丹麦哥本哈根为例的指状城市，以新加坡为例的整体性系统化的公交城市，以日本东京为例的企业化运作的公交都市；第二，适应性公交系统；改善公共服务，建立适应土地及城市形态的轻轨系统、导轨式公共汽车及多层次的公交系统；第三，混合型交通都市；建立适应性城市及适应性公交系统的整合，使公交发展与城市形态发展互相适应；第四，强大的市中心的城市；恢复城市中心公共交通，恢复城市中心活力，限制小汽车的使用，应对中心城市强化的转型。

中国应根据不同城市特点、规模及发展阶段制定符合自身内在要求的城市

---

① 上海市第三次综合交通调查办公室．上海第三次综合交通调查总报告．2004：92.

② Jeff Kenworthy，Gang Hu. Transport and Urban Form in Chinese Cities：An International Comparative and Policy Perspective with Implications for Sustainable Urban Transport in China［J］. DISP 151. 2002（4）：4－14.

交通方式。城市开发沿轨道交通站点进行，形成依托轨道交通功能混合化的城市社区。社区内发展自行车及步行主导、混合交通主导及公共交通主导的三种交通模式①。

自行车及步行主导的城市：步行及自行车交通占据城市人口出行比例的大多数，在低收入国家（中国、越南、印度）及高收入国家（日本、荷兰）广泛存在，但前者属于被动地接受，原因在于收入水平的差距，在中国主要集中在中小城市；后者属于主动地接受，原因在于城市空间设计的亲和力及方便性，这类城市往往表现为紧凑式的发展格局。

混合交通城市：私人小汽车交通、公共交通、准公共交通（出租车、小巴士）及电动车、自行车、步行等各种交通方式在一个城市或区域中同时存在，人们对交通方式的选择比较灵活、多样，这种方式适用于大城市中等城市，使城市空间布局比较紧凑。

公共交通主导的城市：利用公共交通（公共汽车、电车、轨道交通）出行次数比例超过总出行次数的50%以上，新加坡、香港属于此种类型，上海也正在朝这个方面努力。

本章小结

本章首先对上海交通发展的碳排放量进行分析，计算各种不同交通方式包括民用交通、私人交通及公共交通碳排放量，以及其分别在总的交通碳排放量中所占的比例。首先，未来上海如果在交通上实现明显减排，必须强抓对外客货运交通结构。其次，指出私人小汽车交通碳排放虽然目前所占比例较低，然而近几年却发展迅速，而且在城市交通碳排放量的增加贡献最大，适当的控制数量绝对必要。第三，指出公共交通发展对于碳排放减少具有绝对明显的优势，但目前上海公共交通发展缓慢，未来应大力发展。第四，明确制约低碳交通发展的因素包括交通方式、城市结构、城市密度及交通拥堵程度等。最后，提出紧凑城市、混合开发、环境营造及交通公共化程度是低碳交通发展的物质保证；土地政策、交通治理、运营管理是上海到2020年完成低碳交通目标、实现脱钩发展的制度保障。

---

① ［美］瑟夫洛．公交都市．宇恒可持续交通研究中心译．北京：中国建筑工业出版社，2007：5－11.

第 7 章
上海发展低碳生产的对策措施

7.1 上海低碳生产研究的理论及方法

7.1.1 研究范畴

中国正处于工业化进程当中，工业生产用能在社会总能源消耗中仍然占据重要比重，现代工业发展是建立在化石能源消耗的基础之上，从能源类型上主要依赖于化石能源使用来维持经济增长，在未来相当一段时间里，中国的工业化仍将无法摆脱高消耗、重污染、低产出的传统发展模式，经济增长依赖于矿石燃料的能源格局不会改变。从全球范围来看，工业部门是能源密集型部门，能源消耗约占全球能源利用的 40%。城市 CO_2 排放的一半以上是由工业生产造成的。未来必须发展新型工业化，加快工业化进程，实现经济社会的可持续发展，发展以循环经济为特征的新型工业化的高级形式，提高资源利用效率，实现污染排放内部处理、废弃物回收及资源实现再生产，减小各种生产环节的碳排放量①。

上海作为国际航运及金融中心，一方面经济发展迅速，过去几年，上海市 GDP 每年均以两位数的速度增长，从 2000 年的 4771.17 亿元发展到 2007 年的 12188.85 亿元，七年内增加了 2.55 倍，年均增幅 12.2%，高出全国的平均水平。上海工业占全国比重维持在 5% 左右的水平。按照当前发展模式，经济发展与能源消耗没有实现脱钩状况下，上海维持经济发展的能源消耗每年仍大幅度上升。在城市 CO_2 排放中，工业碳排放量与第二产业 GDP 及单位工业产值的能耗有关，包括工业生产的不同行业，石油、加工制造、金属冶炼及电力能源等。生产用能及碳排放与企业管理、技术水平及工艺条件有关，生产碳排放

---

① 诸大建．中国可持续发展总纲：中国循环经济与可持续发展．北京：科学出版社，2007：197－200.

量采用统计年鉴中工业能耗作为基本参数，可以计算城市 2000～2007 年的碳排放指标及未来发展趋势（图 7－1）。

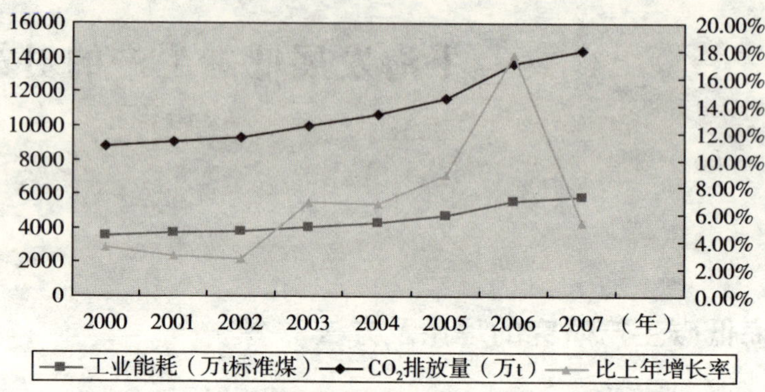

图 7－1 上海工业生产造成 CO_2 排放量及年变化趋势

资料来源：上海统计年鉴 2001～2008，作者整理

分析上海工业生产过程中的碳排放总量及不同行业碳排放量分布将有助于分析产业结构、产品结构、能源结构与碳排放之间的量化关系，从而可以发现问题及矛盾，有针对性地制定切实可行的对策措施。

7.1.2 现状计算模型

城市低碳生产模型为工业生产碳排放的定量化研究奠定基础，城市生产方面的碳排放仍然采用能耗折算方法，即不同的能源使用具有不同的碳排放折算系数 K，表述为：CO_2 排放量 = $\sum_{i=1}^{n} K_i E_i$ 。

7.1.3 目标计算模型

对于未来低碳生产发展目标的预测，应首先确定制约城市生产碳排放的几大影响因素，借助于低碳城市模型确定的理论与方法，根据低碳生产发展的自身特点，准确把握上海目前发展中生产性碳排放的制约因素及其权重。①

依据上海生产发展状况的实证分析，生产性碳排放受以下几大因素的影响：生产性企业的人数、工业生产总值及单位工业生产总值的能源消耗。所

① 魏一鸣，刘兰翠，樊英等．中国能源报告（2008）：碳排放研究．北京：科学出版社，2008：78－79．

以针对生产性 CO_2 排放量计算，通过对模型进行变换，引入 CO_2 排放基本模型。

工业 CO_2 排放量的未来目标预测与上海 CO_2 排放总量计算方法相同，并经过一定的变换，采用从事工业生产的人数（$P_{工业}$）与人均工业总产值（$GDP_{工业}/P_{工业}$），GDP 采用工业生产 GDP 指标，E 为单位 GDP 产值能耗，公式包括了单位工业产值的能源消耗（$E/GDP_{工业}$），可以统一折合为标准煤。

$$CO_2 = GDP_{工业} \times \frac{E_{工业}}{GDP_{工业}} \times \frac{CO_2}{E_{工业}}$$ 低碳生产模型

7.2　上海生产性碳排放的现状及问题

7.2.1　现状

1. 生产性碳排放总量

从工业生产碳排放总量上分析，2000 年工业生产 CO_2 排放量为 9258 万 t，2007 年达到 1.39 亿 t，工业生产碳排放平均年增长率为 6%。

从工业生产碳排放的比例变化方面，上海工业生产造成的碳排放在全市碳排放总量中的比例总体上不断下降，占上海总排放比重由 2000 年 68.7% 减小到 2007 年 58.2%。2004 ~ 2005 年，工业碳排放占全市碳排放的比例略有上升，主要由于工业生产比重增大，造成能源消耗过多。“十一五”期间，上海加大节能减排力度，不断提高单位工业产值的能源效率，2007 年上海工业生产每万元工业 GDP 能源消耗为 1.07t 标煤，仅为全国平均的 56%，并且低于全国其他同等级城市。

2. 行业内部比较

从行业内部来分析，工业行业主要包括采矿业、制造业以及电力、燃气及水的生产和供应三大行业。三大行业中，制造业占据总的工业碳排放的 90% 以上。制造业中包括 30 多个子行业，其中金属制造、石油、化工及电力等属于能源密集型行业，每年消耗大量能源，占据总碳排放的绝大多数。2007 年仅黑色金属冶炼与石油加工业就已经占据工业总排放量的 53% 以上（图 7 -3、图 7 -4）。十一五期间，上海已经关闭数千家排放高、污染大、高能耗、低效率的煤矿、电力、水泥、建材及化工等企业，重点发展创意产业，提高企业的技术含量及产品的技术附加值，实现产业及产品的升级。

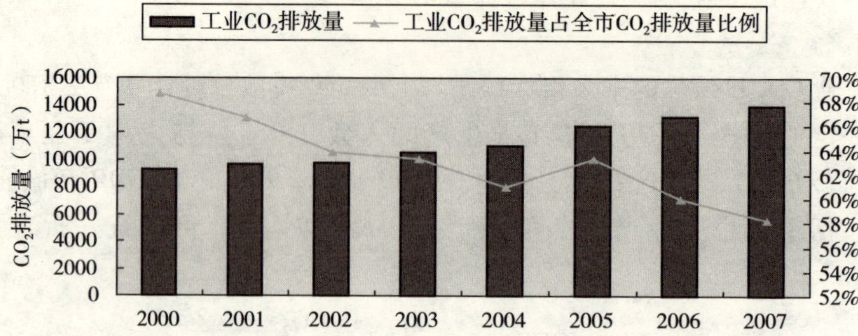

图7－2　上海历年工业 CO_2 排放量比较

资料来源：上海工业能源交通统计年鉴 2001～2008，中国能源统计年鉴，白竹岚、谌伟整理

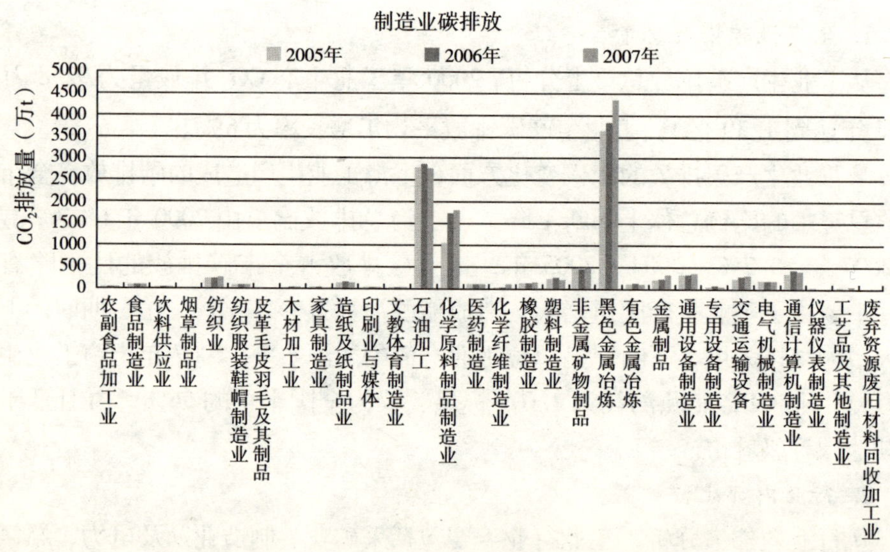

图7－3　上海工业生产 CO_2 排放行业比较

资料来源：上海工业交通统计年鉴 2001～2008，下图同，谌伟整理

3. 城市间比较

城市间横向比较可以找出不同城市产业结构、能源使用上存在的不足。从不同城市比较分析来看，首先，2005～2007 年的三年时间里，工业碳排放总量上，上海最高，天津次之，北京最低。2007 年，上海工业碳排放量

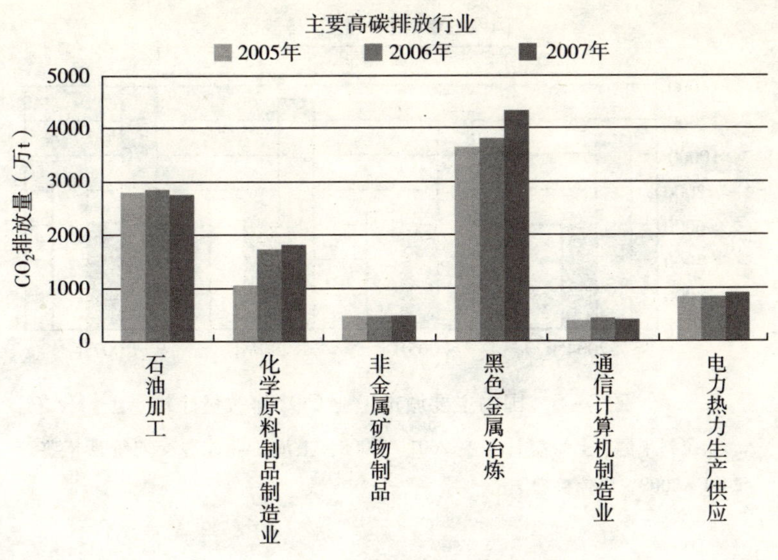

图 7－4　上海高碳行业碳排放比较

达到 1.39 亿 t，天津为 0.83 亿 t，北京为 0.61 亿 t，这也是由于三个城市工业比重明显不同，工业对城市经济增长的贡献发挥的作用也不同的缘故。其次，工业碳排放量的年增长率上，上海的工业碳排放量近几年呈现出明显的增长趋势，北京则几乎保持不变，天津介于两者之间。第三，工业碳排放占城市总排放量比重，各地也出现了不同的情况，天津市工业碳排放量所占比重为三大城市之首，上海次之，北京最低，这说明了上海市碳排放总量中，除了工业外，生活性及建筑碳排放也是主要影响因素。天津市最大的碳排放因素为工业碳排放，对于北京而言，工业碳排放在全市的比例维持在 40% 左右（图 7－5）。

上海工业生产 CO_2 排放量（万 t）及比例　　　　**表 7－1**

年份	2000	2001	2002	2003	2004	2005	2006	2007
工业能耗	3779	3932	3988	4305	4519	5106	5385	5685
工业排放	9258	9632	9771	10547	11071	12510	13194	13929
总能耗	5499	5895	6249	6796	7406	8069	8967	9768
上海总排放	13474	14442	15311	16651	18144	19770	21970	23931
工业排放量占全市比例	68.7%	66.7%	63.8%	63.3%	61.0%	63.3%	60.1%	58.2%

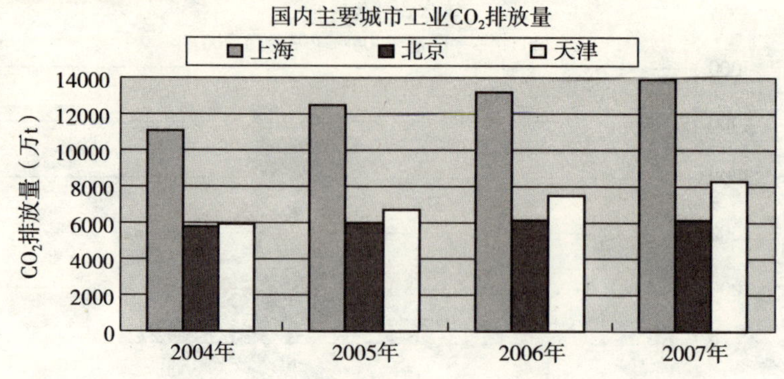

图7－5 国内主要城市工业 CO_2 排放量比较

资料来源：上海统计年鉴 2001～2008；上海工业能源交通统计年鉴 2001～2008，谌伟整理。

7.2.2 问题及影响因素分析

1. 技术升级

上海作为老工业基地对中国的工业化进程及技术发展作出了历史的贡献，但作为工业部门尤其是重工业部门，如金属加工、石油等部门的变化值直接影响工业碳排放量。上海目前经过多年的努力，仍存在无竞争能力的传统工业行业和国家限制发展的劣势行业，其产值能耗、工序能耗、产品能耗都较高。据研究，产业技术的升级对工业生产的碳排放量起到 10% 的贡献率。目前中国正处于工业化进程中，地区之间差异显著，产品生产中的技术附加值较低，能源使用效率及单位工业产值的能源消耗较大。加上历史遗留问题较多，难以彻底从全局上对制造业进行全面技术改造。当前对铁合金冶炼、电镀、水泥、造纸、皮革等传统高耗能行业中技术工艺水平较低的企业还没有彻底进行关停改造；对高耗能、高污染、低效益的劣势企业的淘汰机制还没有完全形成。

2. 能源结构

长期以来，生产中仍然采用以燃煤为主的能源利用结构，造成工业生产的碳排放量较高。今后应在能源利用结构上进行转变，加强 GICC 发电技术及天然气的应用，鼓励电厂、钢铁、化工等重点用户采用双燃料系统，初步形成以电力和燃气为重点、气电互补的能源需求调控体系，同时促使工业终端能源消费结构向清洁、低碳方向发展，并采用先进技术，生产部门中引进风力发电、生物质能发电、垃圾填埋发电等，降低电力使用的碳排放率①。

3. 产品结构

目前产品结构不合理，仍然以污染性大、排放高的初加工行业、劳动密集型制造业为主，还没有形成高新技术为代表的低能耗、低污染、技术密集型行业。同时，对产品需求仍以拥有导向，没有形成完善的租赁市场及使用机制。高能耗行业内的产品结构需要进一步调整，对钢铁、石化两大高排放的基础行业未来要以高端材料为突破口，提高产品的技术含量和附加值，降低单位产品能耗。

4. 产业结构

从整个城市产业结构上，相对于其他同等级城市，上海第二产业比重非常大，其中，钢铁、化工、水泥等高污染性行业所占比例较大。第三产业近几年虽取得巨大发展，但总体上所占比例仍在下降，2007 年上海第三产业占全国的比重比 2007 年略有上升，但相对于本市 2002 的水平是在不断下降的，相对于发达国家或者国际化都市应有的地位相比仍很低。第三产业中的生产性服务业、信息技术服务业的水平及层次仍不完善。在产业的全市空间分布中，全市产业布局及发展重点分布不平衡，市中心土地价格上升，土地置换，第二产业不断地向郊区外迁，第三产业占据城市中心，高地价、高房价使中心商务成本增加，阻碍了服务业及创意产业的发展（表 7－2）。

上海三大产业指标占全国比重　　　　表 7－2

	生产总值	第一产业	第二产业	第三产业
2002	5.3%	0.6%	4.8%	8%
2003	5.4%	0.5%	5.1%	8%
2004	5.5%	0.5%	5.2%	8.2%
2005	5%	0.4%	5.2%	6.3%
2006	5%	0.4%	4.9%	5.2%
2007	4.9%	0.4%	4.7%	6.4%

7.3　上海发展低碳生产的目标与对策措施

7.3.1　上海发展低碳生产的目标

与上海发展低碳建筑及低碳交通未来发展目标方法相同，上海发展低碳生

① 魏一鸣，刘兰翠，樊英等．中国能源报告（2008）：碳排放研究．北京：科学出版社，2008：78－79.

产的目标预测同样采用情景分析方法（表7－3）。2020年经济总量翻两番的同时，根据上海发展状况与能源效率提高目标预计，提出C模式为允许碳排放最多增加到当前的1.5倍左右，用不高于1.5～2倍的碳排放换取3～4倍的经济增长和相应的社会福利①。

上海低碳生产的目标情景分析 表7－3

	CO_2 排放量（2007年等于1）			工业GDP增长率（%）	能源使用效率增长率((%))	CO_2 排放量增长率（%）	弹性系数
	2012	2015	2020				
惯性情景	1.35	1.61	2.17	13.6%	7.46%	6.14%	0.45
相对脱钩情景	1.17	1.27	1.5	13.6%	10.44%	3.16%	0.23
绝对脱钩情景	1	1	1	13.6%	13.6%	0	0

情景一：惯性发展情景。按照历史发展趋势，不改变目前的经济发展模式，不对大的产业结构、能源结构作出调整，能源效率也没有大幅度的提高。按照此种情景发展，2000～2007年上海的工业GDP年增长率平均为13.6%，能源使用效率增长率平均为7.46%。假如按照目前的发展方式，工业生产GDP保持目前发展的平均水平，到2020年，CO_2排放量年增长率为6.14%，当年工业CO_2排放量达到2007年排放量的2.17倍。

情景二：相对脱钩情景。假如在保证工业GDP年增长率13.6%不变的情况下，2020年达到峰值时，采用反推法，即规定全市工业生产CO_2排放量为2007年的1.5倍时，工业生产CO_2排放年增长率保持为3.16%的水平，这样工业生产的能源效率增长率就应当从原来的7.46%提高到10.44%的水平，这就需要对能源结构进一步调整。

情景三：假如在保证工业GDP年增长率不变的情况下，2020年CO_2排放量达到峰值状态时，当年CO_2排放量与2007年持平。相对于2007年，工业生产CO_2排放年增长率为零，这样工业生产的能源效率年增长率必须提高到13.6%。这就需要产业结构、能源结构及生产方式上的根本变革，加大科技投入，增加产品的高科技含量。

7.3.2 上海发展低碳生产的对策措施

针对以上思路，上海市提高能源生产率的行动应该从四个方面展开：加强

① 诸大建. 生态文明与绿色发展. 上海：上海人民出版社，2008：118－220.

技术改造，开展工业节能；转变生产方式，进行结构调整；发展第三产业，进行产业升级；加强技术革新，进行生产改造。

1. 改变生产方式

应转变生产方式，从企业生产方式上，转变以企业高消耗、低效率、高排放为特征的传统工业经济生产方式，以提高资源生产率为目标，以减量化、再利用、资源化为原则，以低消耗、高效率、低排放为基本特征，从“自然资源—产品和用品—废物排放”流程组成的开放式线性经济模式向“自然资源—产品和用品—再生资源”的封闭式流程为特征的循环经济模式转变（图 7－6），在促进节能技术产业化的同时，控制高耗能、高污染产品产能增长，加快产业结构、产品结构及能源消费结构调整，发展循环经济，提高资源综合利用效率，针对不同行业最后还要制定统一的能耗及排放标准，进行指标检测、评估及对比。

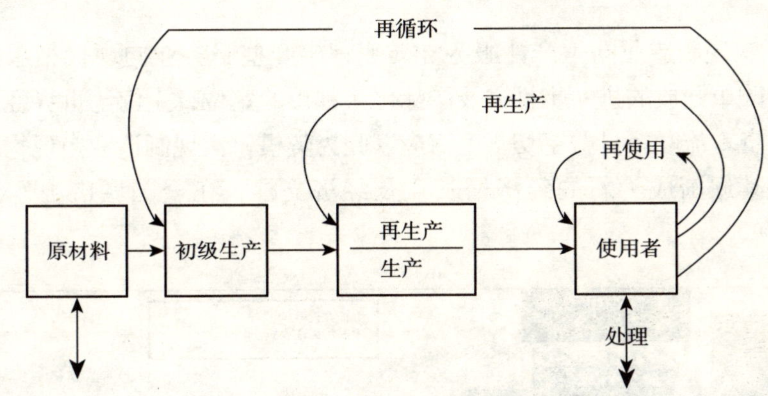

图 7－6　物质生产循环化

资料来源：诸大建教授讲稿

2. 调整产业结构

（1）从产业结构上，优化技术密集程度高、附加值高的产业，做到能耗低，节地、节能、节水及节材。控制污染性高的行业，淘汰落后产业。大力发展第三产业，电力上发展 IGCC 发电技术，加强企业间的技术联合，发展可再生能源利用，强化可再生能源利用的法规建设，并给予财政支持。

（2）产品生产结构，增加高技术及高附加值产品的比例，增加服务业比重。改变传统制造业能耗较高的特点，大力发展以高新技术为代表的低能耗、低污染、技术密集型产品生产，不断降低单位产值能耗。

(3) 建立产业发展能效标准管理。制定各行业的能效标准，实行定期核查制度，要求相关企业在规定时间内达到同行业规定水平，并且在项目的可行性分析阶段，必须进行能效标准评价，高于同行业能效标准的投资项目不予审批。

(4) 实行行业准入制度，淘汰高耗能、高污染、低效益企业的生产，政府从法规上设置准入门槛，提高钢铁、水泥、建材、化工及电力行业的准入条件，对国家禁止发展的行业和在上海无竞争能力的劣势产业，在规定期限内应全部予以关闭或转移。逐步关闭中心区内的高排放行业，如水泥、造纸、化工等，对轻工、纺织及医药等逐步进行土地置换，迁至郊区。对在上海无竞争能力的传统工业行业和国家限制发展的劣势行业，按产值能耗、工序能耗、产品能耗等，关停、转移高指标的企业和产品，改造和淘汰高耗能的炉窑、风机、泵、电机等通用耗能设备，中心城区工业炉窑全部关闭拆除。

(5) 实现制造业向生产性服务业转变，生产型服务业向现代型服务业转变。随着改革开放的进一步推进及国际化大都市的定位，上海与世界经济体系的物流及资本流联系日益密切，上海应以此为契机，实现制造业向现代服务业发展，使其逐渐成为新的经济增长点及经济支柱，在全国城市中作出表率(图7-7)。

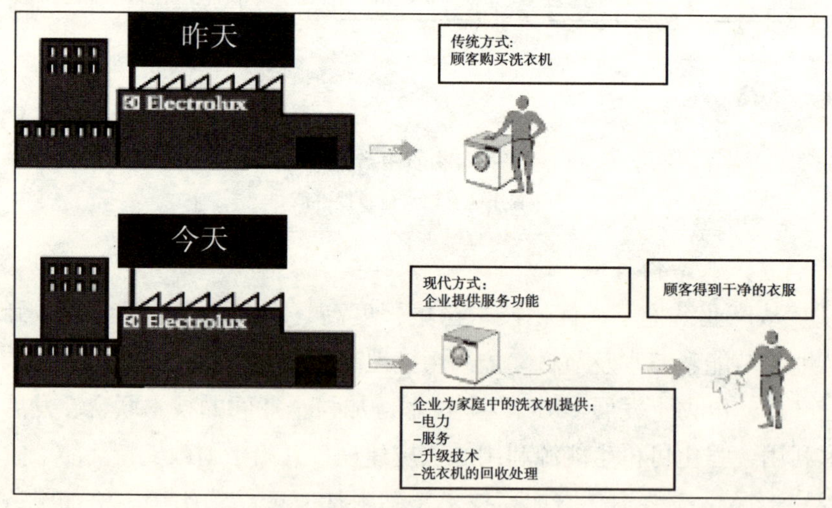

图7-7　从拥有到服务转变

资料来源：诸大建教授讲稿

3. 提高能源效率

（1）抓好重点耗能行业和企业节能。做好钢铁、电力、石化、化工、建材等高耗能行业和企业的节能工作，重点抓好年综合能耗 5000t 标准煤以上的重点用能单位的节能工作。落实《重点用能单位节能管理办法》，组织对重点用能单位能源利用状况的监督检查，定期公布重点用能单位的名单、能源利用状况等，健全节能工作制度。

（2）强化能源需求管理。加强以节电和提高用电效率为核心的电力需求管理，确保落实电力供需调节及迎峰度夏工作部署。鼓励电厂、钢铁、化工等重点用户采用双燃料系统，初步形成以电力和燃气为重点、气电互补的能源需求测调控体系。在六大产业基地、市级工业区和新建工业区逐步推行热电联产和集中供热。

（3）降低万元产值的能源消耗。通过实施节能、节水、节电、节材等措施，继续进一步降低单位产值的能源消耗。2007 年，上海市万元生产总值综合能耗为 0.83t 标准煤，比 2000 年下降约 31%。未来 10 年里，上海的产业能源效率需要进一步提高，到 2020 年相对于 2010 年提高 40%～45% 的比例。

（4）在能源利用结构上，大力发展可再生能源在工业生产中的使用，不断改变传统的能源利用结构，扩大天然气消费，加强新一代氢燃料及纤维素乙醇的开发与投入。

4. 加强技术革新

（1）加快科技进步和发展循环经济，淘汰资源消耗多、污染排放大的劣势产业或企业，使产业发展不断从粗放型向集约型转变，从主要依靠资源消耗向依靠技术进步转变。2005 年，上海市第三产业比重超过了 50%，2008 年达到了 53.7%。未来十年将继续增大第三产业的比重，不断提升生产性企业的技术研发力度，使传统的生产性行业向现代服务业、高科技生产企业转变。

（2）加快节能技术开发、示范和推广。组织对共性、关键和前沿节能技术的科研开发，实施重大节能示范工程，促进节能技术产业化。建立以企业为主体的节能技术创新体系，加快科技成果的转化。引进国外先进的节能技术，并消化吸收。组织先进、成熟节能新技术、新工艺、新设备和新材料的推广应用，同时组织开展原材料、水资源的节约和替代技术的开发和推广应用。引导企业有重点地开发和应用先进的节能技术，加大对重大节能技术开发和产业化的支持力度。

本章小结

本章首先对上海第二产业工业生产的 CO_2 排放总量进行总结，分析工业生产中不同行业的排放量，发现上海工业生产碳排放占全市碳排放中的比例近几年在不断地缩小，2007 年占 58.21%，未来仍有不断下降的趋势。

其次，针对上海工业生产的产业结构与碳排放量之间的关系，指出发展低碳生产的现实问题与深层次结构矛盾。四大高碳行业，包括金属加工、电力、化工及石油加工占据总工业碳排放的 80% 以上；其中金属加工及石油加工已占据总工业碳排放的 53% 以上。

第三，根据现状分析上海工业生产碳排放的制约因素，包括产业结构及技术条件、能源利用结构及产品生产结构。不同因素对 CO_2 排放降低的贡献率不同。

最后，依据低碳生产模型，通过情景分析法预测未来不同时间节点的 CO_2 排放情景模式，当前惯性模式下，弹性系数为 0.45，不断的单位工业产值能耗的降低在保证工业年增幅保持 13.6% 的情况下，CO_2 年排放增长率低于工业增加值的 50%。未来继续降低单位产值工业能耗是完全可能的。

第8章
上海发展可再生能源利用及碳汇的对策措施

8.1 可再生能源利用

8.1.1 国内外可再生能源利用概述

发展低碳经济，进行能源替代，大力发展可再生能源当前已经成为世界各国的共识。未来世界发展将以目前严重依赖化石能源消耗转移到可再生能源使用的轨道上来。在可再生能源利用上，今天拥有的条件和预计今后几十年发展所能达到的技术水平，将使世界能源体系发生急剧的变化。目前，在可再生能源利用的制度、技术及战略发展上，欧洲国家的发展最为成熟，德国、葡萄牙等国在可再生能源发展的技术及制度建设上已经比较完善，在可再生能源利用法规建设上制定了自已的发展目标①。

1. 葡萄牙

近年来，葡萄牙30%的电力供应来源于水能发电，到2020年，水能转化为电能的效率将大大提高，达到8600MW，每年用于能源进口及CO_2排放处理上的成本减少3亿欧元。在葡萄牙最具有创造力的是水能与风能的结合，实践中利用风能将水抽到高处，然后通过水的势能转变为电能。

图8-1 葡萄牙水力发电

在欧洲15国当中，葡萄牙制定了最具有挑战性的目标，到2020年，使人均年CO_2排放控制到7.6kg的水平。实现这项目标最有效的措施是发展可再生

① 2010上海世博会德国馆、葡萄牙场馆调查。

能源利用，使可再生能源占总能源的比重达到60%。截至2010年，随着越来越多的可再生能源利用计划的实施与投资，陆地与沿海风力发电厂、潮汐能、地热能的利用以及水力发电计划的开展，葡萄牙可再生能源利用在总能源中的比例目前已经达到39%的份额，当前正在计划向45%的目标迈进。在管理上，葡萄牙EDP-renovavies公司负责全球范围内的风电业务，在欧洲、美国及巴西均建有风电厂，基本建立了覆盖全球性的风能网络，所有风电统一由波尔图市调度中心负责调度管理。总装机容量在2010年已经达到5.8吉瓦，预计2012年目标将增加一倍，达到10.8吉瓦（图8－2）。

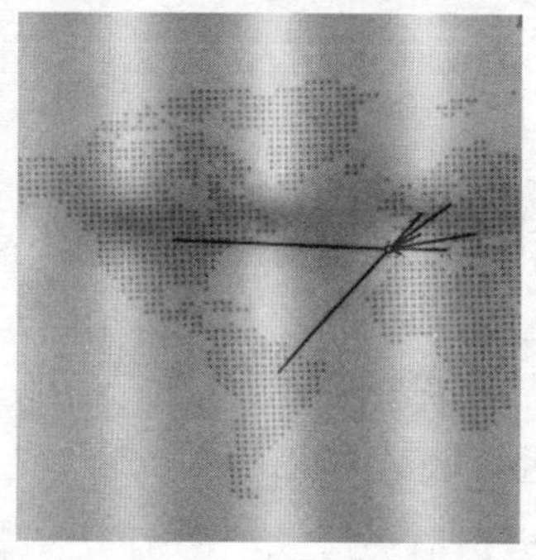

图8－2　可再生能源辐射范围

图8－3　世博会展出先进的太阳能光伏电池

在太阳能利用上，为了弥补太阳能投资大、效率低，并且废弃的电子管容易造成环境污染的不足。葡萄牙在太阳能的利用上进行了一系列的创新，除了不断提高太阳能板的寿命，降低造价，增加效率革新外，最重要的是使太阳能发电板的利用多功能化，太阳能板既可以作为建筑造型手段，又可作为建筑的围护结构、露台、遮阳装置及停车遮盖，并且不同时间具有不同的视觉效果，使太阳能的开发与利用系统化，尽可能避免传统太阳能单一化利用的缺陷（图8－3）。

葡萄牙可再生能源利用比例　　表8－1

	2006年	2010年	2020年
可再生能源利用	36%	45%	60%
化石燃料	64%	55%	40%
各种可再生能源的发电比例	2006	2010	2020
水力	79%	52%	40%
风力	18%	35%	40%
生物质、地热、沼气、海浪及太阳能	12%	13%	20%

资料来源：2010上海世博会场馆调查。

2. 德国

德国作为欧洲国家科技水平先进的国家，在能源利用方面的压力及现实问题使德国政府一直以来在可再生能源利用上不断地进行革新。目前，依靠本国科技方面的优势，德国在开发新型光伏技术方面处于世界领先地位，太阳能和风能利用与转化技术已经比较成熟。2007 年，德国的太阳能年发电量已经达到 1300MW，总量上已经占据世界太阳能年发电总量的一半。政府在太阳能利用上给予一定的政策支持，并给予财政补贴；私人太阳能多余发电量可以通过城市电网输出。制度上的完善提高了国家电网的供电效率，并保证了电力峰值时间利用的可靠性（图 8 -4）。据统计，2007 年，新入网的太阳能装置的峰值输出功率比 2006 年提高了近 30%。

在风能利用方面，德国一直走在世界前列，德国的风能利用在年新增装机容量及总装机容量上始终保持世界领先地位。目前，德国拥有世界上先进的风力发电技术，巨大的风力发电量，仅此一项，每年至少减少 1500 万 tCO_2 排放。在德国、奥地利、瑞士、意大利等邻国的城市及乡村，人们对可再生能源使用上观念意识也在不断提高，私人住宅都安装了独立的风力发电设备，在保证自身家庭使用的同时，私人多余的电量同样可供给城市公共电网，原因在于德国已经形成比较完善的国家与私人电力联网系统，以至于在有些地区，风力提供的电力在德国电力网供电所占比率高达 20%（图 8 -5）。

按照目前发展速度，到 2020 年，德国太阳能、风能、生物质能和其他可再生能源发电将占德国电力供应量的 25% ~30%。

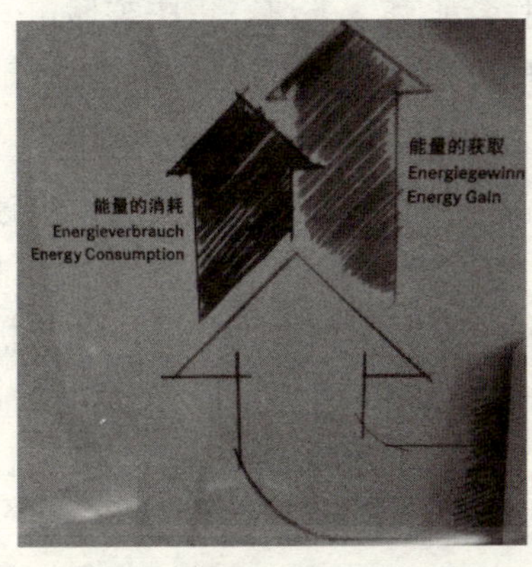

图 8 -4　能量获取与消耗平衡

图 8 -5　欧洲建筑风能与太阳能系统化利用

德国在可再生能源利用方面的突出地位除得益于技术先进之外，最重要的是本国在法律及制度上对可再生能源利用上所提供的保障。德国可再生能源法的顺利实施保证了来自可再生能源的电力能够以公平、固定的价格入网，即每一度产自可再生能源的电力都以固定的价格并入电网。同时，强大的政策力度及管理措施逐渐使可再生能源产业化发展，并产生了叠加的经济效应。在过去的三年里，仅可再生能源产业化方面所产生的新增就业机会就增加了50%，产生了40万个就业岗位。

世界能源消耗主要集中在生产、交通及建筑领域，发达国家由于人们享有较高的生活水平，建筑及生活能源消耗约占总能源消耗的30%~50%。因此，建筑节能对能源有效利用及CO_2排放减少相当重要。2009以来，德国从法律上已经禁止建造没有配套隔热设施或可再生能源利用系统的建筑物，随着这一措施的不断推进，德国的建筑能源平衡措施得到了有力落实。罗尔夫·笛旭（Rolf Disch）所设计的席立尔山（Schlierberg）居住社区利用59栋太阳能房及一栋大型商住两用房全年生产的电能完全超出居民本身的用电需求，在保证居民生活质量的同时，实现零排放（图8-6）。

图8-6　德国席立尔山（Schlierberg）居住社区模型

3. 中国

在可再生能源利用上，最近国家几大部委联合北京、上海、重庆等城市开展节能专项行动，鼓励率先在交通、环卫和邮政等公共服务领域推广可再生能源的利用，政府将视情况给予消费者一定的财政补贴。在《可再生能源法》及《可再生能源中长期发展规划》等推动下，中国可再生能源已步入了快速发展阶段，2008年的可再生能源利用量已经达到2.5亿t标准煤，约占一次能源消费总量的9%。其中新增风电装机容量超过600万kW，使全国风电装机容量达到了1200多万kW。光伏电池产量达200多万kW，成为世界光伏电池产量最多的国家之一。太阳能热水器年生产能力达到了4000万m^2，全国累计太阳能热水器使用量超过1.25亿m^2，占世界太阳能热水器总使用量的60%以上；生物质能开发利用也有较大发展，农村中，沼气池的建设量达到了2800

多万口，大中型沼气设施达到了 8000 多处，沼气年利用量达到了约 120 亿 $m^3$①。

中国大力开发可再生能源不仅是世界能源发展的必然趋势，也是中国能源战略的必然选择。据国际能源署的研究资料表明，在大力鼓励可再生能源进入能源市场的条件下，全国可再生能源在能源消费中总的比例到 2020 年将达 15% 以上。

8.1.2 上海发展现状

上海市能源发展“十一五”规划指出，不包括水能，到 2010 年使可再生能源利用比例达到总能源的 0.5%，上海市 2007 总能源消费已达到 9767.75 万 t 标煤②。按照目前的发展速度，2010 年总能源消费将达到 1.24 亿 t 标准煤，按计划，可再生能源量将达到 62.46 万 t 标准煤。上海目前可再生能源主要包括风能和太阳能，近几年建设规模在不断增大。目前，东海大桥 10 万 kW 海上风电项目和临港、崇明、长兴等风电项目基本已经建成。2010 年，风电规模将达到 20 万 ~ 30 万 kW。如果持续运营，年发电量将达到 17.5 亿 kWh。太阳能利用主要是结合建筑物一体化建设，积极应用太阳能热水器，太阳能光伏电池应用及推广较为缓慢，未来应加强光伏发电的比例，到 2010 年光伏发电规模如能达到 7 ~ 10MW，累计年发电量可达到 6100 万 kWh 的规模。

由于目前优越的风力资源，过去在风能利用上做了许多实践，未来政府应制定相关政策，鼓励、支持优质能源和可再生能源的开发和利用，促进本市能源消费结构的进一步优化。

8.1.3 问题

在可再生能源利用种类上，不同国家或地区根据自身优势而有不同的偏重，受技术条件因素及体制的制约，虽然近几年发展相对比较迅速，然而中国的可再生能源利用在总能源中所占的比例仍然非常少。比如，受大陆性气候条件因素的影响，中国的太阳能主要集中在西部地区，以保证每年的有效日照时间。风能利用主要分布在沿海地区，以保证风力的稳定。上海近几年可再生能

---

① 中华人民共和国发展与改革委员会．可再生能源中长期发展规划．2007. http://www.china.com.cn/policy/txt/2007-09/04/content_8800358.htm.

② 上海市人民政府．上海市能源发展“十一五”规划．2006. http://www.shanghai.gov.cn/shanghai/node2314/index.html.

源目前主要集中在风能的建设上，太阳能利用问题由于日照时间的影响和太阳能发电效率较低，以及太阳能发电板的寿命有限及电子污染问题等仍没有最终解决。太阳能普及率仍旧很低，没有达到相应的规模。地热、水热及潮汐能的利用也没有突破技术上的限制。

在可再生能源利用方式上，建筑中太阳能利用多停留在太阳能热水利用上，这是一种极其原始的利用方式，效率很低，而且建筑中的热水利用受季节因素及特定建筑类型的制约，所以在能源节约及传统能源替代上优势不大。当前，上海地区由于经济相对比较发达，目前在建筑的屋顶或外墙面上利用玻璃幕墙结合太阳能多晶硅技术实现了创新，但一次性成本投入却很大，另外大量的太阳能光电板仅有几十年的使用寿命，太阳能光伏电池造成的电子污染处理未来需要投资额外的成本。

从政策到市场，目前在可再生能源政策的执行上，仍没有形成可再生能源利用的保障措施，对于个人风能及太阳能开发的使用与转化以及并网问题并没有形成相应机制，中国在可再生能源的立法或制度建设方面仍需要不断完善，需要在组织机构的管理上，划定管辖范围，制定管理标准，实施奖罚措施，组织机构论证，监督企业开发，从政策及治理措施上实现全方位的管理。

8.1.4 目标及发展措施

1. 目标

按照上海市能源发展“十一五”规划，计划到2020年，上海市可再生能源利用率达到2%的比例①。按照上海CO_2排放总量中的相对脱钩情景分析，在适宜情景模式下，2020年能源利用总量将达到2007年的1.5倍，可再生能源将达到294.18万t标煤，以此来推断，上海可再生能源年平均增长率要达到18.5%，绝对量将达到目前上海可再生能源规模的5倍，要达到这个目标，上海必须在今后的十年里大力发展可再生能源，逐步实现可再生能源的产业化建设，政府加大对可再生能源投资、研发与应用进行干预（图8-7）。

2. 发展措施

要达到可再生能源利用的中期发展目标，必须从可再生能源的发展战略、能源产业化法规及制度建设方面着手。首先，从城市发展战略上，瞄准未来世

---

① 上海市人民政府．上海市能源发展“十一五”规划．2006．http：//www.shanghai.gov.cn/shanghai/node2314/index.html.

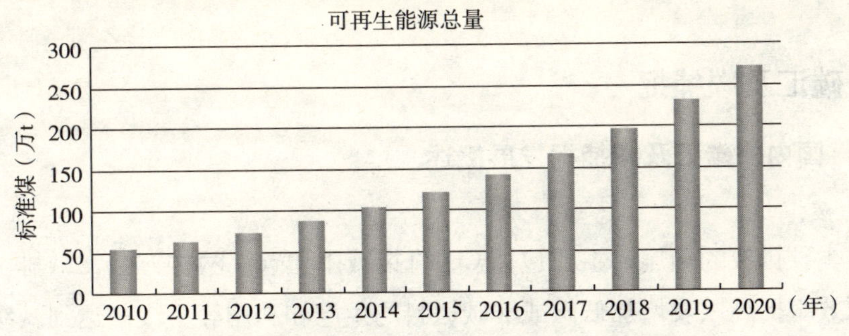

图 8－7　上海未来可再生能源发展目标情景预测

资料来源：根据预测资料整理

界能源技术革命的方向，把可再生能源发展作为本市科教兴市重点领域，坚持开发与应用并举，使本市成为国内重要的新能源和可再生能源技术研发和产业化基地之一。

从可再生能源产业化的角度，改变传统燃煤为核心的产业链，使风力发电、太阳能发电、垃圾发电等可再生能源装备真正成为其新的经济增长点，形成围绕可再生能源利用的系统化的产业循环。实践上分层次推进可再生能源利用，包括国家级可再生能源产业园区、可再生能源利用的新型社区、具有历史文化遗产的工业建筑改造示范区、大型公共建筑可再生能源利用示范项目。

在法律法规建设及政策保障上，逐渐完善可再生能源立法，完善技术措施，形成完备的市场机制，推动新建建筑屋顶太阳能利用的全面普及。上海地区年日照量近 2000h，上海每年新建住宅及公共建筑面积约 3000 万～4000 万 m^2，如果建筑屋顶全部采用太阳能光伏发电，仅此一项，上海每年的太阳能利用将达到 1000 万 m^2。未来随着太阳能发电效率的提升及价格成本的降低，太阳能利用市场将会拓展。

在当前投资引导趋向上，如果说 100 年前爱迪生与福特改变了当时的整个世界，那么今天节能家电、节能灯具的使用与开发，新能源汽车的研发与制造将会改变未来。可再生能源作为未来投资及拉动经济的增长点，如何合理地引导民间资本进行投资，把中国传统经济学上对实物的投资引导到可再生能源开发与利用的轨道上去，使其所产生的受益远远大于目前对股市与房市的投资受益，这对于可再生能源未来健康、稳定及快速发展以及可再生能源利用产业化目标的实现至关重要。

8.2 碳汇及碳捕捉

8.2.1 国内外碳汇及碳捕捉发展概述

1. 碳汇

减少碳排放的措施，主要包括CO_2直接减排和碳汇两种方法，减排主要结合能源效率提高以及增加低碳或非碳燃料的生产和利用等手段来达到减缓大气CO_2浓度增长。碳汇就是陆地植被、海洋和土壤对温室气体二氧化碳的吸收、贮存及固化，减少释放到大气中的CO_2，控制气候变暖的趋势。以下通过对欧洲部分国家碳汇发展状况进行总结，探索未来中国发展碳汇的策略及发展目标。

1）德国

德国政府在绿化建设及碳汇发展上的强有力措施已经持续将近一个世纪的时间，所以德国不同城市及乡村绿化建设已经比较完善，形成了不同层次的绿化系统。德国西部莱茵河畔名城和重工业城市科隆，位于欧洲东西及南北交通要道，从13世纪开始到21世纪，经过8个世纪漫长的发展，城市的绿化体系已经非常成熟，基本形成点线面、城乡互补、农林与自然保护区交错的空间格局（图8－8，图8－9）。

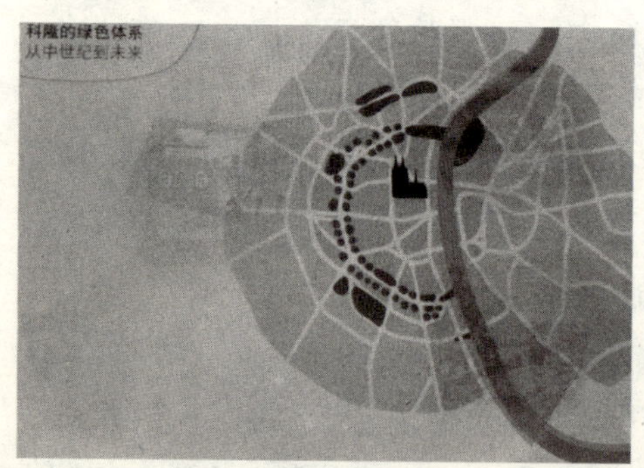

图8－8　13世纪科隆城市绿化

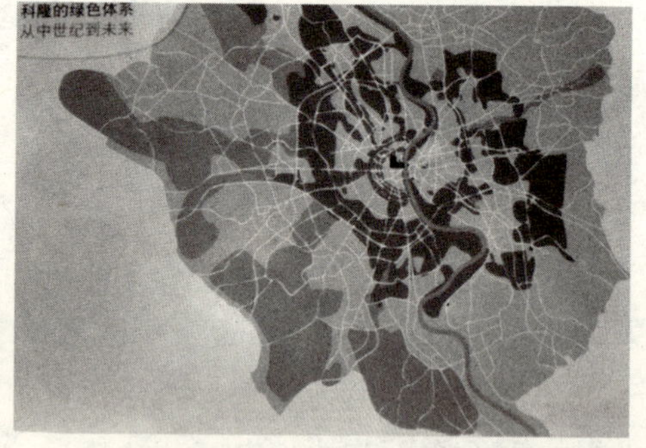

图8－9　20世纪科隆城市绿化

在土地功能变化及利用强度对碳汇能力的影响上，经过实证分析，生态系统的碳汇能力远远大于普通林木的碳汇能力；乔木远大于灌木及草地。在生态系统中天然次生林生态系统是强汇，人工林生态系统是弱汇，草地和农田生态属于中性碳汇源，也就是吸收与排放的 CO_2 基本平衡①。科隆在创造适合城市碳汇方面结合，尽可能创造由各种野生植物组成的自然生态系统。在城市建成区内，也尽量通过绿地的自然化、生态公园、废弃地的生态改造、河流管理、人工野生物的栖息地建设等，将城市景观环境的创造与生物多样性培育相结合，重视城市生态和生物多样性功能的健全，形成自然的、生态稳定的绿化碳汇景观，增加各种物种潜在的共存性，形成相对比较完善的人工生态系统，不但保证了自然环境与现代都市生活和谐融为一体的城市风貌，同时又比普通的城市绿化增加了较大的碳汇能力。

前几年上海江湾新城以拥有北部生态湿地著称，然而城市化运动加快，房地产地开发已使市区内仅存地生态湿地面临消失的危险。崇明东滩目前作为上海市仅存的一块比较完整并具有一定规模的生态湿地，对于野生动物多样性的保护、上海碳汇能力的培养及上海国际形象的塑造具有重要作用，必须通过制度、城市发展战略及技术层面措施进行保护。

2）英国

英国在碳汇方面发展近几年以伦敦最为典型。过去，伦敦整个城市消耗的能源相当于整个希腊国家的资源总和。伦敦的历史一直与环境污染以及绿色空间缺乏有着紧密的联系。当前在气候变化引起各种问题的前提下，世界各国各地政府已经采取重大措施来避免因气候变暖引起的海平面上升，伦敦具有历史责任及义务来减少 CO_2 排放，这对低碳城市的发展、空气中污染物成分的减少以及人健康水平的提高都是重要的。伦敦经过多年的发展，以及绿化和环保部门几十年的努力，在生态建设和绿地建设上取得一定的成就，拥有比较完备的城市绿化建设制度和体系。伦敦目前超过 40% 的区域都被绿色植被所覆盖，使得它成为世界上绿化率最高的城市之一。经历了历史的考验及时代的选择后，作为绿色城市的代表，伦敦在碳汇措施的执行及实施上已成为世界低碳城市建设的先行者。伦敦城市绿地规划、建设和管理等方面的经验主要集中在碳汇规模化、空间人性化、自然原始化几个层面（图 8－10）。

碳汇建设规模化。伦敦城市绿地规模大，并形成网络，城市中大于 $20hm^2$ 的大型成片绿地占城市总绿地的 60% 以上，并渗透到城市各个角落，以屋顶、

① 吴建国，张小全，徐德应．土地利用变化对生态系统碳汇功能影响的综合评价中国工程科学，2003（9）：65－71．

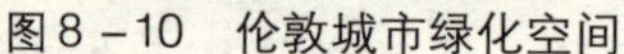

图8－10　伦敦城市绿化空间

图8－11　建筑屋顶绿化

攀缘、街道及阳台绿化等形式出现（图8－11）。伦敦实行城市绿带法案，城市外围建成了环城绿带，平均宽度8000m，最大宽处达30000m，绿带里不准建筑房屋和居民点，阻止了城市的过分扩张，不同绿地在城市空间中的分布系统化，通过楔形绿地、绿色廊道、河流等，将城市中的各级绿地组织成网络。大片绿地可作为伦敦农业及游憩区，既体现了大都市区域城市景观，又保持了原有小城镇的乡野风光。相比之下，上海人均绿化面积不足13m²，差距较大。而北京前几年的绿化建设，虽然沿城市外围建立了1km宽的绿化用地，但仍然没有阻挡城市蔓延式发展的趋势。

自然保护的原始化。城市如果能够保留一块自然野生动植物保护地，这对于城市魅力的体现及碳汇能力的培养有着非常大的积极作用。这将归结于完善的自然保护政策及居民的共同参与。伦敦城市自然保护规划强调自然环境对城市的主要贡献，以及野生动植物生存空间及生态多样性的培育在自然生态系统创造上体现的价值。优先保护那些不能在伦敦以外地方重建的区域，反对在地方性自然保护区和其他生态敏感地区进行开发。在评估自然保护的重要性时，不仅考虑了生物价值、保护濒危物种和保持物种的丰富度，也考虑了当地居民的需求，并据此划定自然保留地。同时，规定相邻地区的发展不能影响自然保护地，并留出生物通道，形成开敞空间的城市网络结构，保持自然过程的整体性和连续性。目前，伦敦的自然保护地已经占土地总面积的16%，并建立了多处市级、区级、社区级和乡村级自然保护地。城市发展过程中废弃的墓地、垃圾堆场、铁路、水库和深坑等均作为半自然保留地，城市逐渐形成系统化的微生态系统。

2. 碳捕捉

在碳捕捉（CCS）方面，火力发电作为传统能源的供应方式依然会长期存在，并占主导地位。为了平衡火力发电所造成过多的CO_2，目前欧盟国家如英国、法国、德国、意大利、西班牙、瑞典、挪威与荷兰，都已经进入CCS的实验阶段。这些国家都是CCS技术的最早探索者和拥有者。德国莱茵集团（RWE），法国道达尔集团、雪佛龙集团，意大利国家电力公司（Enel），英国石油公司（BP）和英荷壳牌石油公司等著名跨国企业都已经宣布了CCS技术研发计划，公司投资与运作的结果将会使CCS技术及运作市场化。目前德国在碳捕捉方面拥有最先进的技术优势，到2015年前，政府将和工业部门合作，计划建立2~3个碳捕捉和存储示范发电厂，到2020年，碳捕捉和碳存储发电厂的建设将成为全球的标准。

瑞典的瀑布能源公司（Vattenfall）是最早从事CCS技术研究的公司，为此已投入了上千万欧元，并在德国东北部勃兰登堡州建立了世界上第一家应用CO_2捕捉及封存技术的试验性煤电厂，并计划未来三年内在丹麦建设另一个大规模的CCS示范工厂。英国政府作为投资方，已经决定要在2014年之前投入10亿英镑建立一个CCS示范工厂。除了瑞典、英国这样的典型案例外，法国的道达尔集团在法国西南部建立的Lacq试验工厂，包含了CO_2捕捉、运输和地下封存全过程的CCS项目，其一体化程度较高。

今年，欧洲委员会宣布投入数十亿美元在欧洲各国建立数十个CCS示范工程，这些预算超过了对风电及太阳能技术的投资。美国能源部也计划在2020年之前投资5亿美元用于建设CCS项目。

8.2.2　上海发展现状

1. 自然碳汇

近年来，上海市绿化碳汇面积不断增加，2000年以来年均增幅达到24.8%，2004年起增长率逐步降低，年均增长率约为6.8%（图8－12）。2007年上海绿化面积达到32000hm^2。植物吸收CO_2和释放O_2的能力很强。据研究，平均每公顷绿地日平均吸收1.767tCO_2，释放1.23t$O_2$①。1hm^2阔叶林在生长季节每天能消耗1t的CO_2，释放0.75tO_2。依据城市碳氧平衡理论，如果以成人每天吸收0.75kgO_2，呼出0.95kgCO_2计算，维持1个城市居民生存的碳氧平衡需要10m^2以上的森林或25m^2以上的树丛。根据气候变化政府间专门委员会IPPC的

① 王丽勉，胡永红，秦俊. 上海地区151种绿化植物固碳释氧能力的研究. 华中农业大学学报，2007（6），399－401.

认定，森林中每立方米的木材量每年对于 CO_2 的固定效果为 0.95t。在中国台湾的人工林每公顷对于 CO_2 的吸收量中，7～8 年生柳杉林为 591.2t，13～23 年生柳杉林为 281.6t。1996 年台湾的森林共吸收 2187 万 tCO_2，相当于台湾 CO_2 总排放量的 14.5%①。以此来计算，上海当前园林绿化每日吸收 CO_2 量达到 5 万 t 左右，年固碳能力 1800 万 tCO_2。

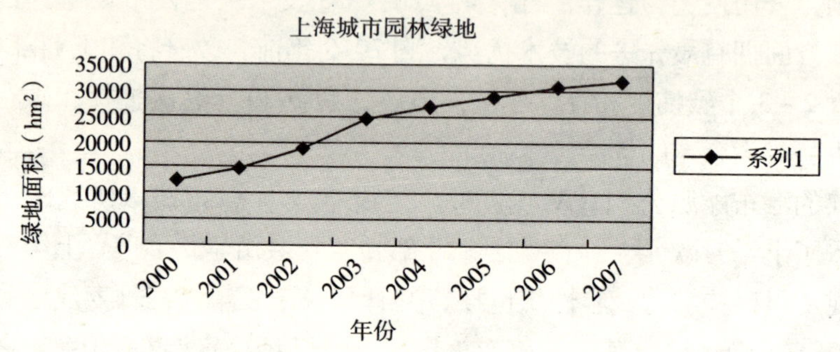

图 8-12　上海城市园林绿地面积

资料来源：上海统计年鉴 2001～2008，谌伟整理

2. 碳捕捉

碳捕捉是保证在满足经济发展所需能源供应的同时减少化石能源使用带来的碳排放，运用技术条件把化石燃料燃烧排放出来的 CO_2 从大气中分离出来，并进行储存。碳捕捉技术包含捕获、运输及封存三个阶段②。碳捕捉的主要对象是化石燃料厂、钢铁厂、水泥厂及炼油厂等 CO_2 集中排放区；运输是把捕获的 CO_2 运输到相应的封存地点，包括管道、铁路及水运，由于技术条件及投资原因，目前管道运输较为成熟；封存是将捕获的 CO_2 注入地下地质构造中、深海及废气的油气田中封存，提高燃油或天然气的生产率，这种技术成本基本或全部被抵消。目前全球许多个碳封存项目正在或即将运营。目前，国内由于技术条件及成本投入过大，碳封存技术刚刚起步，但是大庆油田、辽河油田是很早就利用碳储存强化采油的先例，国内仍需要进行不断的实践，积极参与国际合作，加强自主研发，推进碳捕捉技术示范区建设（图 8-13）。

① 林宪德. 绿色建筑——生态·节能·减肥·健康. 北京：中国建筑工业出版社，2007：82.

② 魏一鸣，刘兰翠，樊英等. 中国能源报告（2008）：碳排放研究. 北京：科学出版社，2008：117-119.

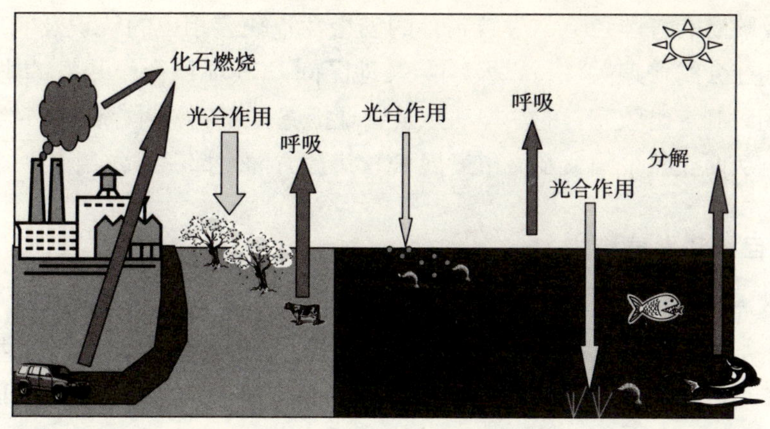

图 8－13　碳汇及碳捕捉示意图

8.2.3　问题

1. 土地面积有限

上海发展碳汇的能力受土地面积的限制，缺少森林、沼泽及大面积植被的覆盖面积，目前区域面积 6340km^2，2004 年建设用地 2336.70km^2，占土地总面积的 1/3 左右，其中城镇及工业用地 1549.1km^2，建设用地包括城市生活居住用地、工业仓储用地、对内交通用地、对外交通用地、农民住宅用地、特殊用地、水工建筑及其他。本年度未利用地 2049.69km^2，占土地总面积的 24.8%，未利用地包括长江等河流水面、苇地滩涂和未利用土地。其余为农用地，占 47% 的比例，按照碳汇类型划分，建设用地属于排碳空间，农用地属于中性空间，水面、滩涂或未利用土地中仅少部分可作为碳汇空间，所以，上海只有在建设用地内依靠城市人工绿化面积，包括道路绿化、街头绿化、建筑绿化的不断增加来加强固碳措施，增加碳汇面积及规模。

2. 技术及管理上的障碍

首先，碳捕捉需要相应系统化的技术支撑，在碳捕捉的程序方面，主要包括碳分离、运输及捕捉三个层次。目前世界上碳分离、运输及捕捉仍然缺乏相应的技术条件，并且成本较高。根据国际能源署的统计，目前碳捕捉的成本大致在 30～90 美元/tCO_2。在目前的条件下，这样的成本消耗阻碍了碳捕捉项目的开发与实施。未来随着技术的进步，加上强化采油，碳捕捉成本会有所下降。

其次，目前 CCS 项目在捕获、运输到封存过程中，技术上缺少相关的法律依据及政府的管理经验，对碳封存的安全性也缺乏相应的认识及制度保障。随着国际社会的普遍关注，以及国际及地区间 CCS 项目合作开发的进行，各国也会相应制定比较完善的法律法规及管理措施，未来碳封存项目将会变得比较普遍，从而在减少国家及城市发展 CO_2 排放方面发挥关键作用。

8.2.4 目标和发展措施

1. 发展目标

在碳汇方面，若上海市绿地增幅仍然保持目前 5% 的增长率，那么，2012 年、2015 年上海市园林绿化面积将分别达到 40579.37hm^2 及 46975.7 hm^2，人均绿地面积将从目前的 18.5m^2 增加到 2012 年的 26m^2，全市绿化每日吸收 CO_2 从当前的 5.89 万 t 增长到 10.59 万 t，释放 O_2 从当前的 4.11 万 t 增长到 7.37 万 t。按此保守估计，到 2020 年，上海市园林绿化面积将达到 59954.21 hm^2，每日吸收 CO_2 将达到 2007 年的 1.88 倍（表 8－2）。

城市绿化面积及碳汇量未来预测 表 8－2

年份	园林绿化面积（hm^2）	吸收 CO_2（万 t）	释放 O_2（万 t）
2008	33384.75	5.89	4.11
2012	40579.37	7.17	4.99
2015	46975.7	8.31	5.78
2020	59954.21	10.59	7.37

2. 发展措施

1）加强自然碳汇

在加强绿化措施增加自然碳汇能力上，上海今后应根据城市总体规划、分区规划及社区规划理念进一步增加街角、公园、沿江、道路绿化建设，沿城市周边外围地带设置一定规模的防风林，保护现有沼泽地，比如崇明东滩及杨浦江湾城生态湿地，从上海整个城市范围内尽可能做到生态平衡。

2）提高碳捕捉能力

在碳捕捉上，上海目前发展碳捕捉技术具有一定的优势，可以利用东海油气田进行深海储存，结合火电发电厂等城市大型碳源发展电力与碳捕捉联产机制。虽然碳捕捉存在运输、储存、收集等技术上的一系列问题，深海储存或注入岩石存在泄漏的可能。然而，随着 GICC 发电技术水平的提高及项目的成熟，使碳封存有了技术上的保证及实践的可能性。

3）利用海藻固碳

一种非常简便的碳汇措施或者碳捕捉措施是利用微体海藻储存 CO_2，海藻作为微生物能够吸收固化 CO_2，并可以廉价获得。未来利用海藻吸收 CO_2 将形成产业化发展态势，进而成为未来低碳城市发展中新的经济增长点（图8－14，图8－15）。

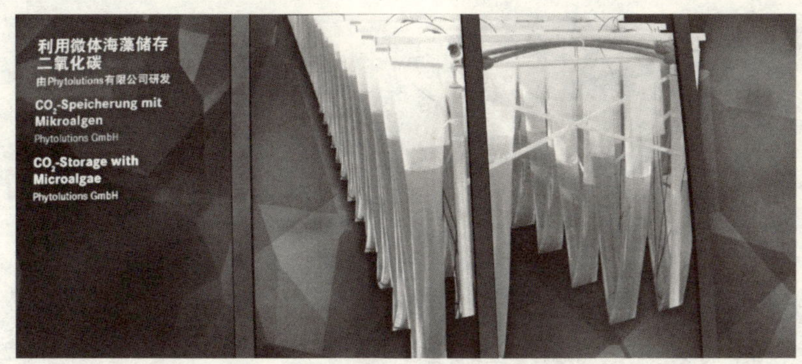

图8－14 利用海藻储存 CO_2

图8－15 微藻栏杆

4）利用建筑材料固碳

英国诺丁汉大学目前正在进行一项研究，通过把 CO_2 变成有用的产品，在其排放前进行收集，然后经过产品的加工将其变成有用的产品。在诺丁汉大学碳捕捉与碳汇创新中心（CICCS），研究者正在与政府及企业界进行合作，通过新的创新而加速部署碳捕捉技术。具体是利用一种硅材料作为胶粘剂，把CO_2从气态转化为地质学上的矿物硅酸盐，从外观上看来如同岩石或砖块，可以用作建筑材料，其中40%的重量为固态CO_2，经计算，其所固化CO_2的体积仅相当于储存相当重量CO_2而需要的气态空间的1/1500，30块类似砖块所固化的碳相当于一辆小汽车行驶1km距离所排放的碳（图8－16，图8－17）。

图8－16　CO_2固化为建筑承重材料

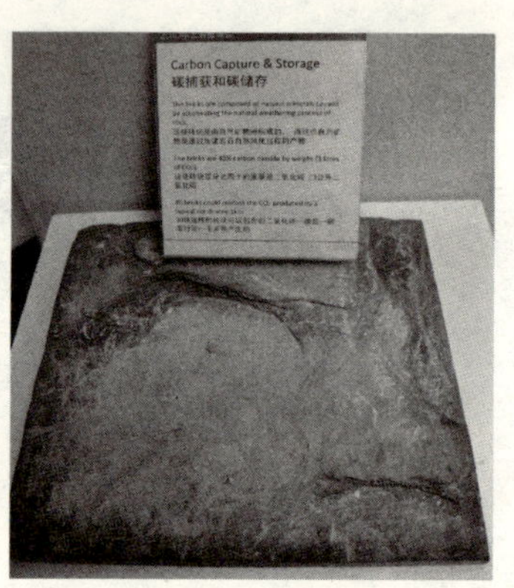

图8－17　CO_2固化为建筑外墙材料

本章小结

本章首先通过对发达国家可再生能源利用及碳汇碳捕捉发展状况进行研究，指出上海可再生能源发展的现状及问题，制定2020年上海碳汇发展的目标。在碳汇及碳捕捉问题上指出目前绿化面积及日吸收CO_2规模，提出未来上海发展碳汇及碳捕捉的策略在于加强科技进步、加强制度建设、利用城市建设空间增加绿化规模及建设微生态系统等措施。

第9章
低碳城市发展的政策保障

9.1 上海发展低碳城市的治理模式与政策现状

9.1.1 政策保障下的新型治理模式

低碳城市治理应转变传统由政府出面的简单治理模式，朝向政府、社会及公众三方互动新型模式发展，新型治理应重视制度、效率、市场调节及公私合作治理模式的运用，共同推动低碳城市政策的实施与执行。

1. 能源效率重于能源结构

由于技术和成本等原因，能源结构变化是一个长期缓慢的过程，国家《可再生能源中长期发展规划》中到2020年可再生能源消费目标在15%，上海到2020年可再生能源利用占总能源的比例要达到2%的目标，现在比例不足0.5%，还有很长的路要走。所以，在相当长的时期内，应不断转变能源结构，提高传统能源的利用效率。争取“十一五”期末，实现燃煤比例从52%降到46%的目标。

2. 制度创新重于技术创新

上海在经济高增长的同时，能源使用和二氧化碳排放也呈现出高增长。与发达国家的大都市相比，上海在人均二氧化碳排放方面有一个显著的特点，发达国家大都市的人均二氧化碳排放量都比全国人均排放量低，而上海则相反，2008年人均二氧化碳排放量为13t，是全国人均排放量的4倍。这一差距一方面说明发达国家大都市与全国平均的经济水平差距相对上海与全国平均的差距要小，另一方面也说明土地利用密度较高的大都市所具备的紧凑化、集约化、共享化的二氧化碳减排潜力和优势在上海还没有被发展出来。因此，相对于传统化石能源的节能减排技术和清洁能源技术都比较成熟的现实，制度创新在宏观的产业结构调整、中观的城市空间紧凑化、微观的生活方式和消费方式变革等方面，对于上海低碳发展都有着巨大的减排空间。

3. 市场调节重于政府管治

传统城市的治理主要依靠政府单方面的计划性或指令性手段来实现。低碳城市的治理需要运用规制性、市场性和参与性等多种手段，充分发挥各种手段的相对优势。但有时同样的目标可以采用不同的手段达成，所以，政府管治中，应更加重视市场的调节，辅之以参与性手段，尽可能减少规制性内容，调动企业、社会的积极性和主动性。

4. 公私合作重于单方治理

一项政策是否持久有效取决于与政策相关的主体或对象能否最终从政策的结果中获得自身的利益，达到双赢或多赢的目标。就低碳城市的治理而言，政府需要从政策的实施中实现既有利于二氧化碳减排又有利于城市发展的双重目标，企业需要从政策的实施中获得可持续的利润空间，社会或公民需要从政策的实施中获得消费理念的转变和生活品质的提升。发展低碳城市应发挥政府、企业、社会公众三类主体的作用，各主体间通过建立合作伙伴关系，共同推动低碳城市发展目标的实现（图9－1）。

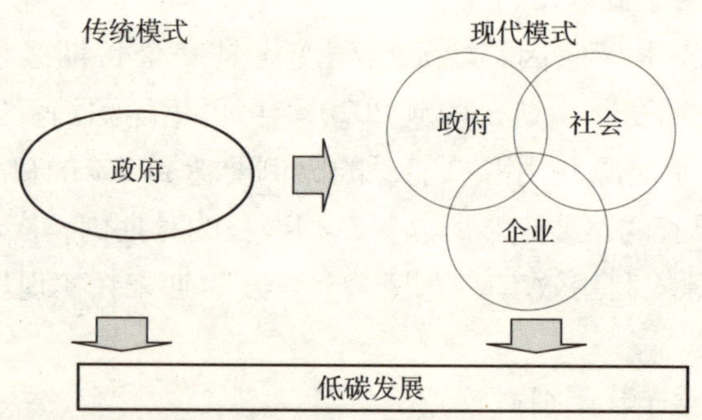

图9－1　政府企业及社会三方面治理及政策保障

9.1.2　上海发展低碳城市的相关政策现状

通过对上海市政府相关部门公布的政策法规、规范标准等资料查询以及有关低碳经济、节能减排等信息的发布，上海目前已经基本开始形成相应的发展低碳城市的相关政策及措施。

1. 园区建设

从低碳园区实践上，在南汇区临港新城、崇明岛开展“低碳经济实践区”建设，同时依托世博园的建设竭力体现新型“低碳世博”的理念。崇明东滩计划将在 2040 年建成全球首个二氧化碳“零排放”生态城，着眼点在于可再生能源的综合利用探索。

2. 行动领域

过去的几年，通过政府努力、企业配合、社会监督，上海已经逐渐关闭一批高能耗、高污染的落后工艺、技术设备和产品的生产，在中心城区有步骤地关、停、改了一批小冶金、小钢铁、小建材和小化工等高能耗、高污染企业。截至 2007 年底，上海市完成产业结构项目 571 个，实现年节能量约 100 多万 t 标准煤，2008 年上半年又完成结构调整项目 140 个，从 1992 ~ 2007 年综合能源强度由 3. 80t 标准煤/万元下降到 0. 83t 标准煤/万元。

3. 可再生能源利用

《上海市可再生能源和新能源发展专项资金扶持办法》（沪发改能源［2008］096 号）出台后，市政府对可再生能源项目按照无偿资助和贷款贴息的方式予以扶持，针对上海的区域优势及大力发展风能的远期目标，政府相应出台发布了《上海市风力发电项目前期工作暂行管理办法》，逐渐形成对风能开发与利用的法律法规保障。

9. 1. 3　上海发展低碳城市目前面临的政策问题

针对上海低碳城市治理的现状，按照可持续发展理论和治理理论整合的理念，仍存在一定的问题：

1. 定位不清，目标不明

发展低碳城市的战略定位不够清晰，对 2020 年上海的 CO_2 排放量缺乏清晰的认识，对于低碳城市建设的路线图尚没有明确。没有明确的战略目标，没有将低碳城市治理与可持续发展的经济、社会、环境全面提升结合起来。

2. 组织缺乏，体系不全

政府在发展低碳城市中还没有建立相应成熟的组织体系，仅是依托原有的节能减排机构或者政府有关部门出台一些与碳减排相关的政策。低碳城市建设是一项全社会的复杂系统工程，需要不同部门的合作参与，包括规划部门、建管部门、交通部门、卫生部门及能源部门通力合作，不同部门应根据减排目标制定各自的行动纲领。

3. 规定较多，市场较少

从现有政策来看，已有的政策中规制性的政策仍然较多，市场性的政策应用较为局限，参与性政策更少。与这种政策结构相对应，政府、企业、社会

（公民）三位一体的治理结构呈现政府强、企业和社会弱的特征。

9.2 上海发展低碳城市的政策措施

9.2.1 政策制定主体

国内基于治理理论的低碳城市政策保障中，应发挥三套机制的作用，即现代政府—国家行政机制、企业—市场机制、非政府组织—社会机制。国家行政机制体现着政府自上而下的努力，社会机制可以促进非政府组织自下而上的努力，市场机制则可以发挥出赢利性组织横向的努力。这三套机制和三种政策工具在激励政府、企业和社会三类主体的积极性、发展低碳城市中发挥作用的领域明显不同。以政府为主导，营利性企业以及公益性组织、社会公众等构成的社会多元主体共同参与，形成政府、市场、社会三种机制在土地资源保护和利用上的有机整合①。

如在发展城市低碳交通的相关措施上，通过城市交通低碳模型及影响因素的情景分析发现，单纯地依靠控制小汽车保有量或技术的改进很难达到2020年中国许可的碳排放标准，必须采取综合性措施，依靠政府、企业及公众从深层次探索低碳化交通的发展对策。在行为层面、政府的制度层面及城市物质消耗层面探索低碳交通发展的对策，使生活水平的提高需求与小汽车的保有量脱钩、经济发展与汽车的能源消耗强度脱钩、城市空间扩展与小汽车的利用率脱钩。物质层面是基础，政策层面是保障，行为层面是落实，这三个层面恰恰适应了市场、政府及社会三方面主体的特定需求，要求城市管理多元化，转变单一传统指令性手段，向市场导向的管理手段及公众结合的社会手段等综合方面发展，加强社会参与式管理（表9-1）。

政府、企业及公众参与式管理形式　　表9-1

	政府	企业	公众
行为层面	控制约束 奖励补贴	改善服务	配合执行
制度层面	政策支持 交通管理	完善管理	保障参与
物质层面	紧凑城市 土地开发 环境塑造	技术创新	物质补偿 转变思想

① 诸大建．中国循环经济与可持续发展．北京：科学出版社，2007：314-320.

9.2.2　政策类型

发展低碳城市应发挥政府、企业、社会公众三类主体的作用，各主体要围绕上海发展低碳城市的主要领域发展适合各自特点的行动以及建立横向间的合作关系，共同推动上海低碳城市发展目标的实现（表9-2）。

基于三方主体、四个低碳城市领域中的治理行为　　表9-2

	工业生产	交通运输	建筑使用	新能源开发利用	碳汇碳捕捉
政府	基于政府管理的循环经济及产业政策	基于政府管理的低碳型紧凑城市	基于政府管理的建筑低碳化政策	基于政府管理的新能源激励政策	基于政府管理的绿地建设及碳捕捉
企业	基于企业创新的低碳生产模式	基于企业生产的低碳型汽车制造	基于企业管理的建筑使用低碳化	基于企业创新的新能源开发利用	基于企业技术开发的碳捕捉技术
社会	基于市民行为的低碳消费模式	基于市民行为的低碳型出行模式	基于市民行为的低碳型居住模式	基于市民行为的新能源消费模式	基于市民行为的碳汇政策

1. *以政府为主体的低碳行动*

政府可以采用的政策有规制性、市场性、参与性政策，在低碳城市中要针对低碳城市的主要行动进行相应的政策创新（图9-2）。在启动阶段要做的工作主要如下：

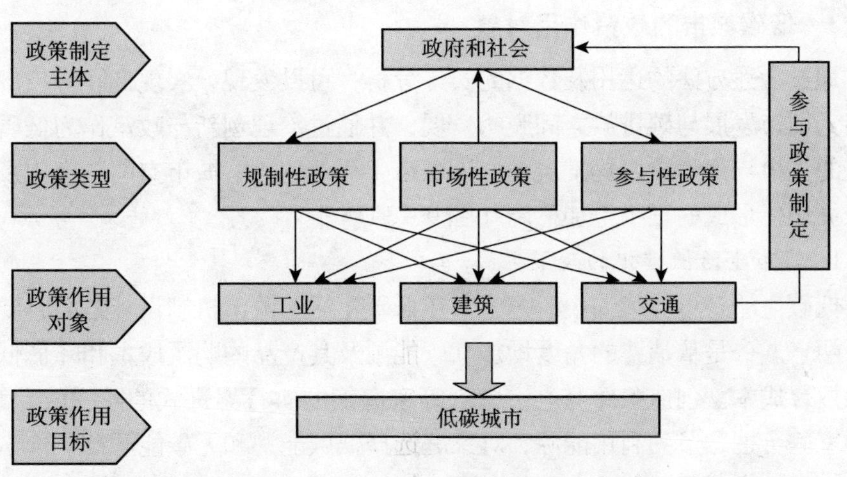

图9-2　治理创新与政策保障

（1）建立完善政府层面的低碳城市治理组织架构。成立各级政府领导负责、参与的办事机构；相互分工，架构完善，建立有效的协调和决策机制。

（2）将二氧化碳排放总量和碳生产率指标纳入各级政府绩效考核的核心指标。

（3）重视市场性政策在低碳城市中的作用，要运用经济手段抑制高碳能源的使用，给具有低碳城市性质的生产与消费提供补贴，政府财政要加大低碳城市领域的投入。

（4）制定针对三个低碳城市领域的具有全过程特点的管理措施，加强低碳城市的规划研究、项目实施和效果评价。

2. 以企业为主体的低碳行动

（1）建立基于碳生产率的产业、企业评估考核体系和招商引资政策。设立企业碳生产率的基准值，作为效率标尺，达到标准，给予准入。

（2）企业是低碳城市管理创新和技术创新的主体。应使低碳城市发展成为企业新的经济增长点。

3. 以社会为主体的低碳行动

（1）设立人均二氧化碳指标，引导市民对自身进行碳预算管理。

（2）建立市民参与的政策平台，使得低碳消费更容易成为全社会的自觉行动。

（3）利用信息公开及宣传，引导市民向低碳消费模式转变。

9.2.3 低碳城市的政策作用对象

通过上述方法的运用及数据的实证分析，可以发现，实现低碳城市发展的策略为城市发展与碳排放之间脱钩发展，并通过治理创新与政策作为低碳城市发展的支撑与保障。脱钩发展表现为城市生活低碳化、城市空间紧凑化及物质生产循环化形成的三维空加格局（图9－3）。

1. 城市生活低碳化的政策

低碳生活是可持续的生活方式，在低碳生活的政策机制设计方面，要把握以下两点。一是从消费的角度增加高碳能源及其产品的购买成本和降低低碳消费的搜寻成本。创造条件对电、燃气等家庭能源实行累进式的阶梯收费政策，引导家庭合理、节约利用能源；对家庭选择低碳能源和无碳能源给予价格上的补贴。对家庭耐用消费品实行能源效率标识制度，鼓励和引导消费者选择能源效率高的产品。在家庭交通出行方式上，降低公共交通的出行成本，为自行车

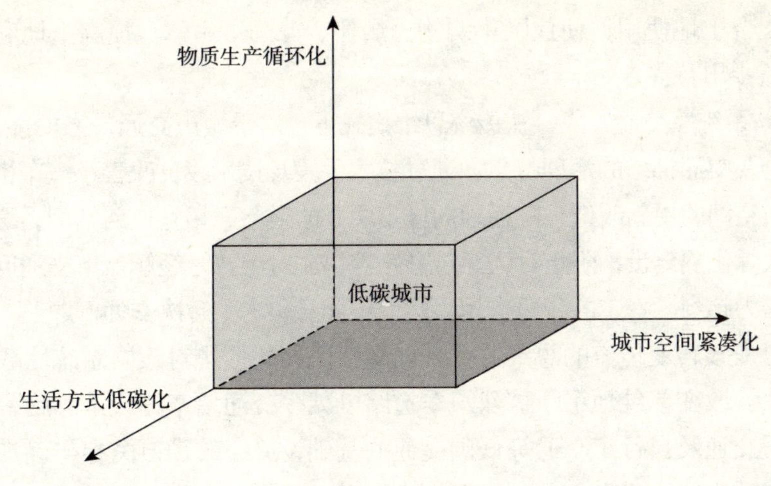

图 9－3　三者关系

交通及步行交通提供更多的便利设施，实行燃油税价格调节，增加停车、拥堵等收费标准。二是建立公民参与的政策平台。搭建信息网络平台，建立市民参与低碳经济发展规划、政策制定的程序，通过参与政策制定过程，并及时公布政策制定的结果，使得低碳消费更容易成为全社会的自觉行动。

在宣传教育引导和公民自觉运动方面，利用各种形式、多种媒体进行低碳消费的宣传，编制市民绿色生活指南，引导低碳消费，倡导一种品质优雅的绿色生活方式。开展各类低碳知识竞赛和创建低碳社区等比赛和评比活动；将低碳生活知识纳入学校教育的内容；利用全国节能宣传周、环境日等环境保护节日开展低碳消费的宣传；鼓励各种 NGO 绿色组织的组建和工作开展，鼓励社区自行建立废旧物资交换平台信息。

2. 城市空间紧凑化的政策

可通过空间紧凑化的政策大幅度降低交通碳排放量。这些政策包括紧凑型土地利用的政策、系统性交通方式、进行小汽车控制的政策、完善企业运营管理的政策、加强交通运输服务及基础设施建设的政策。

（1）紧凑型土地利用政策。完善紧凑型土地利用政策，进一步按照紧凑型的要求进行城市土地利用规划，在新增或改建的建设用地增加建筑密度，布置功能混合化的社区，并与轨道交通等公共交通基础设施相配套。这就要求在目前大型居住社区的开发中，不仅要求开发单位须提供项目成本的一定比例用于居住区配套公共空间和公共设施建设，包括学校、幼儿园、商业、邮电、银行等公共建筑及煤气、电力等市政公用设施，同时积极地制定政策引导居住区开发的混合土地使用，使住区集购物、居住、办公于一体，提高土地利用的集约度，减少出行需求。

（2）系统性交通方式。在传统思维模式下，对于城市交通带来的能源消耗、环境影响及交通拥堵的治理特点：通过技术手段及技术改良改善小汽车性能，或通过城市空间的更新改造，疏通通向城市中心的道路，拓宽道路空间，增加非机动车道或绿化隔离带，阻止行人穿越马路等措施对于暂时缓解城市交通问题及交通负荷压力起到了一定的积极作用，然而不能从根本上解决交通问题①。

所以应该转变传统的思维方式，从解决问题的传统对策向系统性战略方式进行改变。改变单纯地不断扩建汽车道路以减少交通堵塞的政策思路，积极投资于轨道交通及自行车交通等低碳交通的基础设施，鼓励市民参与确定交通基础设施财政支出的优先方向，全面推进轨道交通基本网络、综合交通换乘枢纽的建设；合理进行路权分配，设置公交专用道，在人口集中区域设置更多的自行车专用道，引导自行车作为有价值的接驳工具与轨道交通连接；设置城市周边大型停车场，限制中心区停车场数量、马路停车场位，引导城市中心区域公共交通的利用（图9－4）。

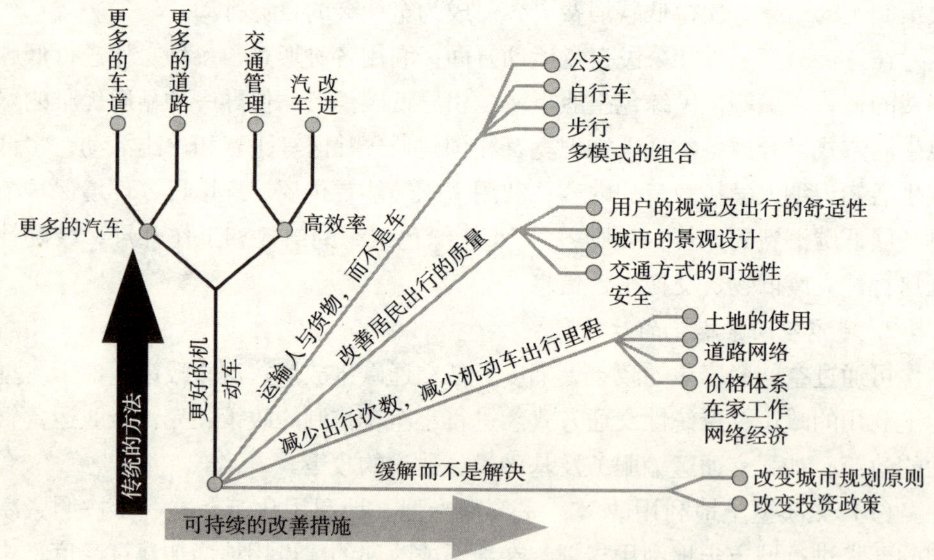

图9－4　低碳模式下可持续发展交通策略

资料来源：诸大建教授讲稿。

① 诸大建．生态文明与绿色发展．上海：上海人民出版社，2008：189.

大力发展公共交通服务，提高轨道交通和公共汽车交通的运行能力和服务质量。坚持政府主导、市场运作公共交通服务，在强化政府职能的同时，按照“行业公益性、运作市场化”的原则，理顺政府与市场的关系，加快建立健全政府对公共交通发展的扶持机制和政策，充分发挥市场机制在优化公共交通资源配置、促进公共交通服务能力与质量提高中的作用。发展公共交通捷运系统，通过专用车道、预先付费、平步上车、频繁来车、大容量、信号优先等措施提升公共交通运行能力。对公共交通实行补贴政策，降低公交出行成本，并利用智能信息系统指导市民公交出行，减少公交出行时间选择成本。

(3) 进行小汽车控制的政策。政府从法律法规或行政指令上强化交通管理，通过政策调整，如停车收费、汽车牌照拍卖、提高油价及燃油税来限制小汽车的使用，提高私人小汽车在市区运行成本，限制私人小汽车的使用，刺激公共交通的发展。引导交通模式的转移，在高密度的居住区布局一定的机动车禁行绿色街道网络；围绕中心区域安装传感器，让穿越中心城市的车主自觉缴费，或对不付费者罚款。增加中心区域停车费用，征收燃油税，条件成熟时，可征收交通堵塞税或费等。

上海近两年通过车牌拍卖方式在小汽车控制方面起到很好的作用，使私人小汽车的年增长率由最高2004年17.68%减小到2007年12.93%。然而这种方式各有利弊，在某种方式下限制了汽车工业的发展，据统计，近几年上海本地人购买汽车而选择上外地牌照的已达到2万之多，占新增小汽车数量的1/5，这不免增加了上海机动车行驶管理的难度。未来交通政策与法规的出台应向高拥有、低使用方面发展，在鼓励生产和使用小排量、低油耗的经济型轿车，适当限制大排量、高油耗的豪华轿车的同时，通过提高道路行车的成本来调节机动车出行方式的比例。

最后，在交通上依靠政府、企业及个人三方面的努力，政府加强基础设施的供应，从政策及资金上进行支持，从公共交通服务上不断改进，发行一卡通，加强换乘减免等措施；企业不断地改进技术，加强节能型汽车的推广等技术措施来降低交通燃油消耗；同时，提高个人的思想意识及节能观念，提倡在可能的情况下依靠自行车及步行交通方式。

(4) 完善企业运营管理的政策。人们对于公共交通的选择首先在于其是否便捷（换乘便捷，公交车站的辐射面较宽，运营间隔时间及出发到目的地时间间隔较短）、安全（治安状况，公交行驶路线的安全状况）及舒适（交通拥挤程度，交通运营环境）。企业服务质量的改善将有助于增加乘坐公共交通的几率及数量。对公交运营企业在公交线路上应不断完善管理，目前由于历史原因，城市道路网不规整，公交线路也呈蛇形或绕道行驶。公交线路结构复杂，线路重叠，造成道路资源和运能的浪费，引起道路堵塞，并增加公交企业营运成本，延长了乘客的在途时间。同时在技术措施上，企业应通过技术改进，加强小汽车的节能措施，增加混合动力、氢动力及太阳能汽车的开发与研制。政府也要对节能型小汽车的推广进行制度保障，实行财政补贴及税费减免政策。

（5）加强交通运输服务及基础设施建设的政策。上海2000年公交客流量占机动方式的比重为26.76%，2007年为76.15%，2007年公共交通的CO_2排放量仅为民用交通CO_2排放量的一半①。轨道交通虽然取得巨大发展，每年运送人次从1.3亿人次增长到8.1亿人次，但仍然远小于香港和日本的东京，车辆数也仅从2000年的36列增长到2008年的220列。上海轨道交通总里程达到235km，北京为135km。但仍然远远小于伦敦408km及纽约370km长度。在公共交通提供的便利性方面，现在世界许多城市都实行了全方位公共交通监控系统，市内拥有便捷发达的交通道路、地铁和发达的信息交流方式。如纽约市拥有世界重要的港口和众多的飞机场，8条铁路干线交汇，市内有四通八达的交叉公路交通网；瑞士的苏黎世通过利用与其他交通混行的有轨电车与轻轨系统为核心，提供发达整合型的公共交通服务，公共交通与行人及自行车和谐共存。

3. 物质生产循环化的政策

（1）生产循环。物质生产的循环化包括三个循环，即从末端处理到废物利用；从产品或配件的一次寿命到多次寿命；从销售产品到提供服务。这三个循环的生态效率呈现递进、从量变到质变的过程，需要全面的技术创新和制度创新。

（2）建立法规。完善物质生产循环的规制性政策。建立完善的综合性的地方循环经济法规，制定上海循环经济促进条例；针对节能、清洁生产、包装管理和回收以及各类废旧产品管理，制定完善专业性的循环经济和能源领域法规规章。提高废弃物处置成本，对各类废弃物如废旧电子产品、生活废弃物、家电废弃物等实施管理和收费；对大型商品包装实行由销售部门回收管理的规

① 上海市第三次综合交通调查办公室. 上海第三次综合交通调查总报告，2004：120－124.

定；完善各类低碳或绿色标准规范，对二氧化碳排放重点企业实行限额；建立终端用能产品的能效准入体系和能效标识体系，对能效过低的用能产品、设备实行淘汰制度；制定各类清洁生产指南和技术手册。加强对企业能源使用的监督管理，建立企业能源管理制度；实施生产者延伸责任制；实行重点企业二氧化碳排放、用能情况定期信息公示制度；建立资源节约、资源综合利用和废弃物排放等综合评价和核准制度；建立资源利用“黑名单”制度和“淘汰表”制度。

（3）完善市场。完善物质生产循环的市场性政策。利用财税政策刺激产业结构绿色化，促进企业开发低碳技术。减少对高碳能源产品的补贴；对落实资源综合利用相关政策的企业给予税收优惠政策支持；对综合利用废弃物的企业给予财政补贴；对重点企业实施供电配额；适时开征碳税或气候变化税等；对企业清洁生产实施审计制度。完善技术扶持政策，对循环经济和低碳技术创新设立科研专项资金，特别对制造类企业服务化创新给予税收优惠或专项资金扶持；对跨部门变革的产品替代和系统创新进行重点的经费扶持；建立循环型技术和低碳产品技术开发、推广、转让系统，完善技术转让市场；建立循环经济共性和关键性技术以及通用设备科研基地，引导科研院所联合研究开发；建立循环经济技术咨询服务体系。着力培育二氧化碳和物质循环的各类市场；条件成熟时，实行碳排放配额制度，建立碳排放交易市场和机制；也可以试行“碳预算”制度，为行业发展和运用低碳技术提供必需的资金；培育大件消费品和大件包装物回收利用第三方企业，实行跨地区网络化经营；鼓励并培育循环经济相关的评估、审计、中介、技术咨询等专业服务市场；发展社区邻里生活物资交易交换市场。

（4）加强参与。完善物质循环的参与性政策。完善与各类循环经济相关的规划计划、政策法规、年度报告的信息公示制度；探索市民参与循环经济政策制定的制度化安排。

9.2.4　上海发展低碳城市政策作用保障措施

1. 建立全市二氧化碳排放账户

要实现低碳城市的目标，就需要建立二氧化碳排放的账户，对上海的二氧化碳排放情况进行规划、均分配与监测。用能源消耗和二氧化碳排放作为约束上海粗放型经济增长的龙头，促进上海的经济结构、城市结构和消费结构向低碳城市转型。

2. 按照二氧化碳排放目标进行分解

实现低碳城市的主要行动领域是输入口的可再生能源，转化端的提高工业、交通、建筑领域的能源效率，以及输出端的加强城市碳汇空间建设。因此，需要将上海的二氧化碳控制目标分解到这样三个领域之中，特别是分解到对未来10年实行低碳具有主要作用的工业减碳、交通减碳、建筑减碳中去。

3. 建立上海地方性的碳交易市场

要利用上海已经有能源环境交易所的平台，建立碳交易市场，以便促进碳生产率的提高，以及政府、企业、社会参与低碳城市的建设。当前，可以利用2010年世博会的机会，尝试进行志愿性的世博志愿碳交易活动。取得经验后，成为上海推进低碳城市的一项制度化措施。上海的能源结构短期内不可能有大的改变，化石能源仍将是今后一段时间内主要的能源来源。与发达国家相比，上海提升能源效率的空间还很大。因此，上海发展低碳城市需要实行提高能源效率与发展可再生能源并重的战略。

4. 指标纳入“十二五”规划

将单位GDP的碳强度或者碳生产率（前者的倒数）指标纳入“十二五”规划。单位GDP的能源强度主要体现经济过程的能源消耗情况，单位GDP的碳强度体现经济过程的二氧化碳情况，两者一前一后可以携手成为提升经济发展质量的压力与动力。上海发展低碳城市需要将这两个指标作为经济社会发展的约束型指标，实质性地推动上海发展。

本章小结

在前几章实证分析及研究的基础上，本章的论述关键在于落实低碳城市发展的政策措施与治理创新，指出当前单一政府作用下的政策在低碳城市实施上的无力，针对当前政策制定中所存在的问题进行剖析，研究上海发展低碳城市的政策主体、类型、对象及目标。

首先论述政策作用主体，指出政府在政策制定过程中的作用，低碳城市应发挥政府、企业、社会公众三类主体的作用，指出传统的科层式管理已经不适应上海未来发展低碳城市的目标需求，需要进行治理创新，加强政府、企业及社会三位一体的治理方式，并分别对应于规制性、市场性以及参与性三种政策。各主体要围绕上海发展低碳城市的主要领域发展适合各自特点的行动以及建立横向间的合作关系，共同推动上海低碳城市发展目标的实现。其次针对政策作用的对象，指出城市生活低碳化、城市空间紧凑化及物质生产循环化方面的政策建议，在政策的制定上与低碳城市的内涵相呼应。最后制定了完善政策所需要的保障措施。

结论

通过低碳城市的研究得出以下相关结论，分别为研究的主要工作内容、文章中主要的创新点、未解决问题及改进措施。

1. 研究的主要内容

第一，低碳城市的内涵。研究国内外低碳城市的相关定义及内涵的表述，分析其中存在的不足，立足中国国情，立足上海实际，分析上海发展低碳城市内涵的准确表达。

第二，低碳城市的模型、指标及评价体系。模型一作为 CO_2 排放与能源消耗的关系模型，模型二以制约城市碳排放的控制因子为要素，作为未来 CO_2 排放量的情景分析及目标预测模型。

第三，上海碳排放现状及目标。通过中国统计年鉴及上海统计年鉴，分析上海 2000 ~ 2007 年的各种能源使用总量及发展趋势，找出规律，立足全市层面分析能源利用结构及使用量的变化，通过分析不同能源转换系数，计算每年 CO_2 排放总量及发展趋势。并以此作为未来发展的惯性情景，推测上海到 2020 年的碳排放量；同时根据 C 模式或者 1.5 ~ 2 倍战略的相对脱钩模式，倒推出如要达到此状态时的年 CO_2 排放增长率控制指标及能源效率提高程度，达到绝对脱钩时的 CO_2 年增长率控制指标及能源效率的提高程度。

第四，领域研究。对上海低碳建筑、低碳交通及低碳生产的发展现状进行实证分析。

在低碳建筑研究中对居住建筑及公共建筑从 2000 ~ 2007 年碳排放量进行统计，分析发展趋势，找出主要问题及影响因素，确定未来三种情景模式下的碳排放目标。

在低碳交通研究中包括对上海交通碳排放总量、民用交通及公共交通在 2000 ~ 2007 年碳排放现状及趋势的论述；通过小汽车的发展趋势及碳排放的年增长率进行分析，找出私人小汽车的发展对交通碳排放的贡献率；通过情景分析方法分析未来碳排放发展目标。

在低碳生产研究中针对上海2000～2007年的工业发展能源使用及碳排放现状进行研究，分析了产业结构对城市碳排放量的影响。

第五，在上海发展低碳城市的碳排放总量及领域研究基础上，进行问题分析，制定基于脱钩发展、可再生能源利用、碳汇碳捕捉、治理创新与政策保障的低碳城市发展对策。

2. 本课题研究的主要创新点

（1）低碳城市的模式研究。低碳城市的内涵是城市或经济发展与碳排放实现脱钩发展，根据脱钩程度包括相对脱钩及绝对脱钩。

碳排放模型是量化城市碳排放的重要工具，同时是预测未来碳排放发展目标的重要手段。

低碳城市的评价采用弹性系数的方法，即CO_2排放年增长率与GDP发展年增长率比值，到2020年达到峰值时，CO_2排放存在几种情景：弹性系数在0.5～1区间段时，属于目前惯性发展情景；弹性系数<0.5时，为相对脱钩发展情景；等于0或<0时为绝对脱钩发展情景。

（2）上海发展低碳城市的现状及目标研究。对上海2000～2007年的碳排放指标进行量化分析，论述了上海发展低碳城市的领域构成，包括建筑、交通及生产的碳排放量指标以及在全市碳排放方面所占的比重。上海2007年CO_2排放为2.39亿t，其中工业占58.2%，交通占18.77%，建筑占16.12%。分析在不同领域中，城市低碳发展存在的现实问题及影响因素。

运用模型二，结合指标评价中惯性情景、相对脱钩情景及绝对脱钩情景时弹性系数，对未来目标进行预测，指出上海2020年发展低碳城市的目标情景，包括建筑、交通及生产三方面的碳排放目标分析。

（3）上海发展低碳城市的对策措施。在上海实现低碳城市发展的对策措施方面首先论述了从生活方式上、城市空间结构上及循环生产上如何实现脱钩发展，包括生活方式低碳化、城市空间紧凑化及物质生产循环化；其次，论述了如何加强可再生能源，加大风能及太阳能利用的可能性及相关措施，现阶段如何加强绿地生态系统的碳汇，对已经排放到大气中的CO_2进行捕捉；第三，论述了如何通过治理创新与政策保障，发挥政府、企业及社会三方面优势，促使城市低碳化发展。

3. 悬而未决的问题及改进措施

课题研究至今，仍有许多未解决的问题，其中包括：

（1）建筑领域研究中，仅对上海全市范围内的居住及公共建筑碳排放进行分析，没有深入到城市不同区域家庭，比如城市中心高密度与城市郊区低密度社区进行实证分析，论证不同区域在交通、家庭生活上的碳排放差异。不同区域家庭生活的碳排放差异，为低碳城市开发战略提供直接的参考依据。

（2）领域研究中没有深入城市内部，进一步针对不同区域城市空间结构进行实证分析，论证不同区域紧凑度、人口密度、城市密度、城市功能混合度与区域碳排放之间的关系。这将为低碳城市的空间结构调整、城市空间的未来发展方向奠定基础。

（3）低碳生产研究中，仅对上海工业发展中的能源使用及碳排放量进行分析，没有进一步论证产业结构的调整对城市碳排放的贡献。

以上问题研究主要障碍在于当前研究手段的局限，数据收集的难度及区域划分的合理性，这是使研究走向深度，保证科学性的前提。针对以上问题，未来将立足于本课题的研究成果，通过相关资料查询以及现场实证调研及走访，从深层次、结构中、细节上进一步发现问题及相关影响因素，使低碳城市研究继续发展、完善。

参考文献

[1] Edward L · Glaeser. Harvard University and Matthew Kahn, UCLA. The greenness of city [J]. rappaport Institute Taubman Center policy briefs, 2008 (3) 1 – 11.

[2] Chris Goodall. How to Live a Low-Carbon Live: The Individual's Guide to Stopping Climate Change [M]. London Sterling, VA, 2007.

[3] [日] 柳下正治．脱温暖化社会のための政策課題．上智三菱 UFJ 環境講座 [R]. 上智大学大学院地球環境学研究科．2007 年 4 月 17 日．(http: //www. genv. sophia. ac. jp/research/yanashita. html)

[4] Ho Chin Siong, Fong Wee Kean . Planning for Low Carbon Cities: The case of Iskandar Development Region [C]. Toward Establishing Sustainable Planning and Governance II, Sungkyunkwan University, Seoul, Korea on novermber 2007 orgnized by SUDI: 11 – 15.

[5] Bryn Sadownik, Mark Jaccard. Shaping Sustainable Energy Use in Chinese Cities: The Relevance of Community Energy Management [J]. DISP 151, 2002 (4): 5 – 22.

[6] Chicago Metropolics 2020. The Metropolics Plan: Choice for the Chicago Region [Technical Report]. (http: //www. metropolisplan. org/10_ 3. htm)

[7] Joanthan Norman. Company High and Low Residential Density: Life Cycle Analysis of Energy Use and Green House Emission [J]. Journey of Urban Planning and Development, 2006 (3): 10 – 19.

[8] Peter Newman, Jerry Kenworthy. Sustainablity and Cities: Overcoming Automobile Dependence [M]. Washiton, DC: Island Press, 2007: 94 – 111.

[9] Jeff Kenworthy, Gang Hu. Transport and Urban Form in Chinese Cities: An International Comparative and Policy Perspective with Implications for Sustainable Urban Transport in China [J]. DISP 151, 2002 (4): 4 – 14.

[10] [美] 奥利弗·吉勒姆无边的城市：论战城市蔓延．叶齐茂，倪晓晖译．北京：中国建筑工业出版社，2007：115 – 119.

[11] Halyan C, Beisi J, et al. Sustainable Urban Form for Chinese Compact Cities: Challenges of a Repid Urbanized Urbanized Economy [J]. Habitat International, 2008 (32): 28 – 40.

[12] Williams K, Burton E, Jenks M. Achieving the Compact City through Intensifation: An Ac-

ceptable Option?［M］//Jenks M，et al. The Compact City ：A Sustainable Urban Form?. London：E & FN Spon Press，1996：83 – 96.

［13］Tony P N. Environmental Stress and Urban Policy［M］// Jenks M，et al. The Compact City：A Sustainable Urban Form? . London：E & FN Spon Press，1996：200 – 211.

［14］Russ Lopez，MCRP，DSc. RESEARCH AND PRACTICE：Urban Sprawl and Risk for Being Overweight or Obese. American Journal of Public Health［J］. September 2004，Vol 94，No. 9.（http：//www. ajph. org/cgi/content/full/94/9/1574）

［15］潘家华．长期碳排放需求与低碳发展路径的几个方法学问题［R］. 低碳发展路径报告暨研讨会，2003 年 1 月 27 日（北京）.

［16］胡秀莲，刘强，姜克隽．中国减缓部门碳排放的技术潜力分析．中外能源，2007（8）：1 – 8.

［17］诸大建．中国循环经济与可持续发展［M］. 北京：科学出版社，2007：118 – 120.

［18］潘海啸，汤諹，吴锦瑜等．中国“低碳经济”的空间规划策略．城市规划学刊，2008（6）：57 – 63.

［19］陈秉钊．城市，紧凑而生态．城市规划学刊，2008（3）：28.

［20］马强．走向“精明增长”：从“小汽车城市”到“公共交通城市”．北京：中国建筑工业出版社，2007：218 – 221.

［21］丁成日，宋彦，Gerrit Knaap，黄艳．城市规划与城市结构：城市可持续发展战略．北京：中国建筑工业出版社，2005：132 – 139.

［22］韦亚平，赵民．紧凑城市发展与土地利用绩效的测度．城市规划学刊，2008（3）：32.

［23］李翅．土地集约利用的城市空间发展模式［J］. 城市规划学刊，2006（1）：49 – 55.

［24］仇保兴．紧凑度和多样性：我国城市可持续发展的核心理念［J］. 城市规划，2006，30（11）：18 – 24.

［25］中华人民共和国国民经济和社会发展第十一个五年规划纲要．北京：人民出版社，2006.

［26］［美］威廉·麦克唐纳，［德］迈克尔·布朗嘉特．从摇篮到摇篮：循环经济设计之探索［M］. 中国 21 世纪议程管理中心，中美可持续发展中心译．上海：同济大学出版社，2005：2.

［27］诸大建，朱远．生态效率与循环经济［J］. 复旦学报（社会科学版），2005（2）：60 – 66.

［28］诸大建，臧漫丹，朱远．C 模式：中国发展循环经济的战略选择［J］. 中国人口．资源与环境，2005，15（6）：8.

［29］诸大建．生态文明与绿色发展．上海：上海人民出版社，2008.

［30］陈飞．高层建筑风环境研究［J］. 建筑学报，2008（2）：72 – 77.

[31] 宋春华．建筑节能任重道远，降耗减排大有可为．建设科技，2008（Z2）：14－21.
[32] 清华大学建筑节能研究中心．中国建筑节能年度发展研究报告 2008. 北京：中国建筑工业出版社，2008.
[33] 陈飞，诸大建．低碳城市研究的内涵、模型与目标策略确定．城市规划学刊，2009（4）7－13.
[34] 陈飞，诸大建．低碳城市研究的理论方法与上海实证分析．城市发展研究，2009.
[35] [美] 瑟夫洛．公交都市．宇恒可持续交通研究中心译．北京：中国建筑工业出版社，2007：5－11.
[36] 上海市科协高顾委课题组．上海建设资源节约型城市研究：基于资源生产率视角的分析，2009. 3.
[37] 陈飞，诸大建，许琨. 城市低碳交通发展模型、现状问题及目标策略研究. 城市规划学刊，2009（4）：29－33.
[38] 上海统计年鉴.
[39] 中国统计年鉴.
[40] 中国能源统计年鉴.
[41] 天津统计年鉴.
[42] 北京统计年鉴.
[43] 上海工业交通统计年鉴.
[44] 上海第三次交通综合调查总报告 2004.

后记

笔者的低碳城市研究开始于两年前进入同济大学城市可持续发展与公共政策研究所，当时对气候变暖与城市发展的关注并没有今天显得迫切。2007 年底，世界进入金融危机，传统经济发展模式面临着严峻的挑战，在这种时代背景下，迫切减少全球 CO_2 排放的需求与城市可持续发展相结合，低碳城市与低碳经济发展的研究开始普遍引起社会的广泛关注。2008 年“低碳城市模型与发展策略研究”课题研究申请到中国博士后科学基金资助，使课题研究具有了一定的经费支撑；2009 初，发展低碳经济的重要性越来越引起政府等相关部门重视，借助于上海决策委把上海建设成为低碳城市的目标及努力，“上海发展低碳经济的内涵、目标及对策措施的研究”课题顺利得到上海市决咨委项目资助，使低碳经济与低碳城市研究有了现实的依托。

本书的内容是基于笔者的博士后出站报告《低碳城市研究的内涵、模型及目标策略确定：上海实证分析》的基础上，经过进一步研究整理而成。报告能够顺利进行首先感谢导师——同济大学可持续发展与公共政策研究所所长诸大建教授。低碳经济与低碳城市研究的方法与理论从一开始就得到诸老师的指点，整篇研究报告都浓缩了导师的研究思想及系统性理论。由于研究的初始选题具有一定的前瞻性及理论高度，使本人在两年的科研时期内逐渐掌握了相关的研究方法，对低碳城市研究领域也有了比较大的理解及把握。

其次，报告内容的每一部分都凝聚了“上海发展低碳经济的内涵、目标及对策措施研究”课题组成员的工作及努力。

感谢课题组成员许琨在上海发展低碳交通的现状研究上所做的大量数据的收集与整理工作；

感谢课题组成员谌伟在上海发展低碳生产的现状研究上所做的部分数据收集工作；

感谢课题组成员刘淑妍、袁菁华在低碳城市治理方面提供的相关资料及研究思想以及白竹岚在不同城市的GDP、人口能源总量上所做的基础工作；

感谢同门王世营、臧曼丹提供城市交通及循环经济方面的相关文献；

研究能够顺利完成，还要感谢刘强、孟维华、朱远、王春雷、邓大伟、徐萍等众多同门师兄弟近两年在专业知识上的帮助与启发，同门之间的每次学术交流都令我受益匪浅。

本报告作为阶段性研究成果，是对过去几年所学知识的积累与展示，代表一个阶段研究的结束，但却预示着新的开端。未来研究将会以建筑学科背景知识为基础，以城市发展管理学研究方法为工具，以城市规划及城市空间结构研究为着眼点，坚定不移地沿着目前既有道路不断去探索、去发掘、去创新。